Duden

WISSEN · ÜBEN · TESTEN

6. Klasse

Mathematik

4., aktualisierte Auflage

W0280574

Dudenverlag
Berlin

Bibliografische Information der Deutschen Nationalbibliothek
Die Deutsche Nationalbibliothek verzeichnet diese Publikation in der Deutschen Nationalbibliografie; detaillierte bibliografische Daten sind im Internet über http://dnb.d-nb.de abrufbar.

Das Wort Duden ist für den Verlag Bibliographisches Institut GmbH als Marke geschützt.

Kein Teil dieses Werkes darf ohne schriftliche Einwilligung des Verlages in irgendeiner Form (Fotokopie, Mikrofilm oder ein anderes Verfahren), auch nicht für Zwecke der Unterrichtsgestaltung, reproduziert oder unter Verwendung elektronischer Systeme verarbeitet, vervielfältigt oder verbreitet werden.

Alle Rechte vorbehalten.
Nachdruck, auch auszugsweise, nicht gestattet.

© Duden 2016 D C B A
Bibliographisches Institut GmbH
Mecklenburgische Straße 53, 14197 Berlin

Redaktionelle Leitung Constanze Schöder
Redaktion Dr. Wiebke Salzmann
Autoren Ralph Linke, Timo Witschaß, Dr. Wiebke Salzmann (Klappe)

Herstellung Uwe Pahnke
Layout Bachmann Design, Weinheim
Illustration Carmen Strzelecki
Umschlaggestaltung Büroecco, Augsburg; Bachmann Design, Weinheim
Umschlagabbildung iStock (jaroon); Fotolia (ag-visuell, blankstock, jfhp)
Umschlagillustration Selina Bauer, Berlin

Satz LemmeDESIGN, Berlin
Grafik pro.grafik, Ostfildern
Druck und Bindung AZ Druck und Datentechnik GmbH
Heisinger Straße 16, 87437 Kempten
Printed in Germany

ISBN 978-3-411-72184-9
Auch als E-Book erhältlich unter: ISBN 978-3-411-91192-9

www.duden.de

Inhaltsverzeichnis

1 Rechnen mit Bruchzahlen

1.1 Brüche

Ein Bruch steht für einen Anteil an einem Ganzen.
Der **Nenner** gibt an, in wie viele gleich große Teile das Ganze aufgeteilt wird.
Der **Zähler** gibt an, wie *viele dieser Teile* vorhanden sind.

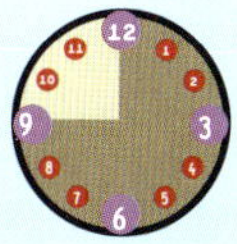

$\frac{3}{4}$ Pizza $\frac{3}{4}$ Liter $\frac{3}{4}$ Stunde

Im Nenner eines Bruchs darf nie null stehen!
Ist der Zähler eines Bruchs null, so ist der Wert des Bruchs gleich null.

$\frac{3}{4}$ – Zähler, Bruchstrich, Nenner

Ein Bruch wird **erweitert,** indem man seinen Zähler und seinen Nenner mit derselben Zahl (ungleich null) multipliziert.

Der Anteil, für den der Bruch steht, ändert sich beim Erweitern nicht.
Man sagt: Der Wert eines Bruchs bleibt beim Erweitern derselbe.

drei Viertel erweitert mit 2:

$\frac{3}{4} = \frac{3 \cdot \mathbf{2}}{4 \cdot \mathbf{2}} = \frac{6}{8}$, also: $\frac{3}{4} = \frac{6}{8}$

drei Viertel erweitert mit 3:

$\frac{3}{4} = \frac{3 \cdot \mathbf{3}}{4 \cdot \mathbf{3}} = \frac{9}{12}$, also: $\frac{3}{4} = \frac{9}{12}$

Ein Bruch wird **gekürzt,** indem man seinen Zähler und seinen Nenner durch dieselbe Zahl (ungleich null) dividiert.
Der Wert des Bruchs bleibt derselbe.

acht Zehntel gekürzt mit 2:

$\frac{8}{10} = \frac{8 : \mathbf{2}}{10 : \mathbf{2}} = \frac{4}{5}$, also: $\frac{8}{10} = \frac{4}{5}$

Wenn zwei Brüche denselben Wert haben, darf zwischen ihnen das Gleichheitszeichen (=) stehen.

$\frac{3}{4} = \frac{6}{8} = \frac{9}{12} = \frac{12}{16} = \frac{30}{40} = \frac{600}{800} \ldots$

Brüche können oft mehrmals gekürzt werden. Man gibt sie möglichst vollständig gekürzt an.

$\frac{140}{210} \underset{2}{=} \frac{70}{105} \underset{5}{=} \frac{14}{21} \underset{7}{=} \frac{2}{3}$

Der Bruch wurde vollständig gekürzt mit 2, 5 und 7.

WISSEN

WISSEN

Vergleichen von Brüchen

Brüche werden verglichen, um herauszufinden, welcher Bruch den größeren Wert hat.
Wie bei den natürlichen Zahlen benutzt man die Zeichen **<** (**kleiner** als) und **>** (**größer** als).

Ist ein Viertel einer Pizza kleiner oder größer als drei Viertel einer Pizza?

 < 

Brüche mit gleichen Nennern heißen **gleichnamig**.

$\frac{1}{\mathbf{8}}, \frac{3}{\mathbf{8}}$ und $\frac{7}{\mathbf{8}}$ sind *gleichnamig*.

Brüche mit verschiedenen Nennern heißen **ungleichnamig.**

$\frac{3}{\mathbf{8}}$ und $\frac{3}{\mathbf{7}}$ sind *ungleichnamig*.

Bei gleichnamigen Brüchen vergleicht man die Zähler.
Der Bruch mit dem größeren Zähler hat den größeren Wert.

$\frac{\mathbf{3}}{8} < \frac{\mathbf{7}}{8}$, denn 3 < 7 und

$\frac{\mathbf{7}}{8} > \frac{\mathbf{3}}{8}$, denn 7 > 3

Ungleichnamige Brüche kann man auf einen **gemeinsamen Nenner** erweitern.
Man sagt: *gleichnamig machen.*
Als gemeinsamer Nenner kommen viele Zahlen infrage.

$\frac{5}{6} = \frac{5 \cdot 4}{6 \cdot 4} = \frac{20}{\mathbf{24}}$ $\quad \frac{7}{8} = \frac{7 \cdot 3}{8 \cdot 3} = \frac{21}{\mathbf{24}}$

$\frac{5}{6} = \frac{5 \cdot 8}{6 \cdot 8} = \frac{40}{\mathbf{48}}$ $\quad \frac{7}{8} = \frac{7 \cdot 6}{8 \cdot 6} = \frac{42}{\mathbf{48}}$

Um ungleichnamige Brüche vergleichen zu können, muss man sie zuerst gleichnamig machen. Dann vergleicht man die Zähler.

$\frac{4}{15} < \frac{3}{10}$, denn $\frac{4}{15} = \frac{8}{30}$ und $\frac{3}{10} = \frac{9}{30}$

und $\frac{8}{30} < \frac{9}{30}$, da 8 < 9.

Erweiterung auf den Hauptnenner

Will man zwei Brüche gleichnamig machen, wählt man als gemeinsamen Nenner meist den Hauptnenner.

Der **Hauptnenner** zweier Brüche ist das **kleinste gemeinsame Vielfache** der Nenner.
Dies wird kurz als das **kgV** der beiden Nenner bezeichnet.

Man sagt: Auf den *Hauptnenner erweitern.*

Vergleich von $\frac{5}{6}$ und $\frac{7}{8}$ (Nenner 6 und 8):

- gemeinsame Vielfache: 24, 48, 72, 96, ...
- kleinstes gemeinsames Vielfaches: 24
- kgV(6; 8) = 24

$\frac{5}{6} = \frac{\mathbf{20}}{\mathbf{24}}$ und $\frac{7}{8} = \frac{\mathbf{21}}{\mathbf{24}}$, also $\frac{5}{6} < \frac{7}{8}$.

ÜBUNG 1 **Schreibe die abgebildeten Anteile jeweils als Bruch. Überlege, in wie viele Teile die Pizza aufgeteilt wurde und wie viele davon jeweils noch zu sehen sind. Prüfe auch, ob man noch kürzen kann.**

a)  $\frac{}{}$

b)  $\frac{}{}$

c)  $\frac{}{}$

ÜBUNG 2 **Die Brüche sollen wie angegeben erweitert beziehungsweise gekürzt werden. Fülle die Lücken entsprechend.**

Erweitere

a) mit 3: $\frac{1}{2} = \frac{1 \cdot 3}{2 \cdot 3} = \frac{}{}$

b) mit 9: $\frac{5}{7} = \frac{5 \cdot 9}{7 \cdot 9} = \frac{}{}$

Kürze

c) mit 10: $\frac{20}{50} = \frac{20:10}{50:10} = \frac{}{}$

d) mit 6: $\frac{36}{24} = \frac{36:6}{24:6} = \frac{}{} = \frac{6:2}{4:2} = \frac{}{}$

ÜBUNG 3 **Erweitere die Brüche auf den Nenner 60. Du kannst dabei in einem Schritt erweitern oder in mehreren.**

Beispiel: $\frac{3}{5} = \frac{3 \cdot 12}{5 \cdot 12} = \frac{36}{60}$ **oder** $\frac{3}{5} = \frac{3 \cdot 2}{5 \cdot 2} = \frac{6}{10} = \frac{6 \cdot 6}{10 \cdot 6} = \frac{36}{60}$

a) $\frac{1}{30} =$

b) $\frac{7}{10} =$

c) $\frac{2}{1} =$

d) $\frac{11}{12} =$

WISSEN +

Kürzen mit dem ggT

Manche Brüche kann man mehrfach kürzen. Mit dem **größten gemeinsamen Teiler (ggT)** von Zähler und Nenner kann man den Bruch auf einmal vollständig kürzen.

Den ggT findest du folgendermaßen:

1. Liste alle Teiler von Zähler und Nenner auf.
2. Suche den größten gemeinsamen Teiler.

$\frac{36}{48} \underset{2}{=} \frac{18}{24} \underset{2}{=} \frac{9}{12} \underset{3}{=} \frac{3}{4}$ (gekürzt mit 2, 2 und 3)

Teiler von 48: 48, 24, 16, **12**, 8, 6, 4, 3, 2, 1
Teiler von 36: 36, 18, **12**, 9, 6, 4, 3, 2, 1
Der ggT von 48 und 36 ist 12;

also $\frac{36}{48} \underset{12}{=} \frac{3}{4}$ (gekürzt mit 12).

ÜBUNG 4 **Kürze die Brüche so weit wie möglich.**

a) $\frac{2}{4}$ =

b) $\frac{3}{9}$ =

c) $\frac{15}{30}$ =

d) $\frac{21}{28}$ =

e) $\frac{45}{120}$ =

f) $\frac{130}{52}$ =

WISSEN

Wie findet man das kgV zweier Zahlen?

1. Liste die ersten Vielfachen der größeren Zahl auf.
2. Schreibe die ersten Vielfachen der kleineren Zahl daneben.
3. Überprüfe der Reihe nach, ob eine Zahl der ersten Liste in der zweiten Liste auftaucht. Die erste Zahl, bei der du eine Übereinstimmung feststellst, ist das kgV.
4. Findest du keine Übereinstimmung, musst du die Listen verlängern und erneut vergleichen.

Gesucht ist das kgV von 8 und 18:

Vielfache von 18: 18, 36, **72**, 90, 108
Vielfache von 8: 8, 16, 24, 32, 40, 48, 56, 64, **72**

also kgV von (8; 18) = 72

ÜBEN

ÜBUNG 5 **Bestimme das kgV der beiden Zahlen.**

a) kgV (5; 6) =

b) kgV (4; 6) =

c) kgV (6; 9) =

d) kgV (12; 18) =

ÜBUNG 6 **Finde den Hauptnenner, erweitere beide Brüche auf den Hauptnenner und vergleiche sie miteinander. (Beachte, dass der Hauptnenner dem kgV der beiden Nenner entspricht!). Füge „<“ oder „>“ ein.**

a) $\frac{3}{4}$ und $\frac{5}{6}$

b) $\frac{2}{15}$ und $\frac{3}{10}$

c) $\frac{2}{9}$ und $\frac{1}{6}$

d) $\frac{3}{8}$ und $\frac{5}{12}$

ÜBUNG 7 **Man kann auch das kleinste gemeinsame Vielfache von mehr als zwei Zahlen suchen. Gemeint ist damit die kleinste Zahl, die gleichzeitig ein Vielfaches aller gegebenen Zahlen ist. Finde das kleinste gemeinsame Vielfache der vier Zahlen 4, 5, 6 und 8.**

1.2 Gemischte Zahlen und unechte Brüche

Mehrere Anteile können zusammen auch größer sein als ein Ganzes.

$\frac{5}{4}$ Stunden > 1 Stunde; $\frac{10}{2}$ kg > 1 kg.

Ist der Zähler kleiner als der Nenner, so heißt der Bruch **echter Bruch.** Ist der Zähler größer oder gleich dem Nenner, so heißt der Bruch **unechter Bruch.**

echte Brüche: $\frac{1}{2}, \frac{3}{10}, \frac{99}{100}$

unechte Brüche: $\frac{3}{2}, \frac{10}{3}, \frac{101}{100}$

Brüche können auf dem Zahlenstrahl angeordnet werden. Die Strecke zwischen 0 und 1 entspricht dem Ganzen, das aufgeteilt wird.

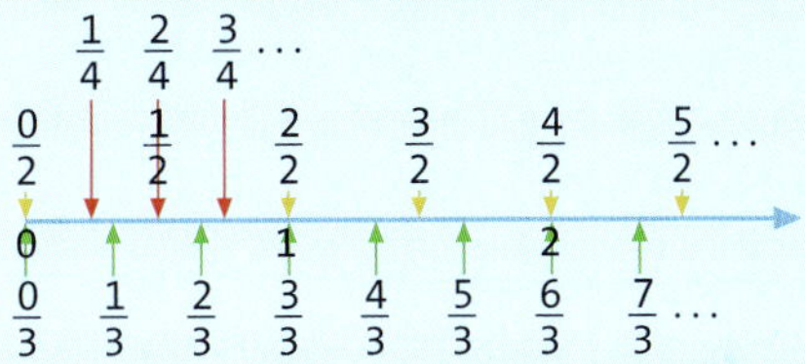

Alle Brüche, die durch Kürzen oder Erweitern auseinander hervorgehen, stehen für **dieselbe Bruchzahl.**

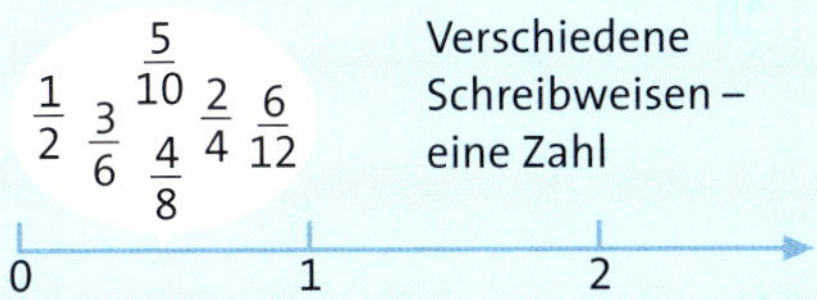

Ein Bruch, dessen Zähler ein Vielfaches des Nenners ist, heißt **Scheinbruch.** Scheinbrüche entsprechen natürlichen Zahlen.

$\frac{10}{2} = \frac{5}{1} = 5$ $\quad 4 = \frac{4}{1} = \frac{8}{2}$

$\frac{120}{10} = \frac{12}{1} = 12$ $\quad 7 = \frac{7}{1} = \frac{77}{11}$

Einen unechten Bruch kann man als **gemischte Zahl** schreiben. Dies ist die Summe aus einer natürlichen Zahl und einem echten Bruch. Das Pluszeichen wird nicht geschrieben.
Man sagt auch: *gemischte Schreibweise* einer Zahl.

$1\frac{1}{2} = \frac{3}{2}$ $\quad 1\frac{1}{3} = \frac{4}{3}$

$2\frac{1}{4} = \frac{9}{4}$ $\quad 3\frac{3}{4} = \frac{15}{4}$

Ein **Quotient** (das Ergebnis einer Division) kann als Bruch geschrieben werden. Umgekehrt kann jeder Bruch als Quotient geschrieben werden.

$5 : 2 = \frac{5}{2}$ $\quad 10 : 50 = \frac{10}{50} = \frac{1}{5}$

$\frac{2}{3} = 2 : 3$ $\quad \frac{12}{10} = \frac{6}{5} = 6 : 5$

Die **Menge der Bruchzahlen** beinhaltet alle Zahlen, die sich als Bruch schreiben lassen. Dazu gehören auch alle *natürlichen Zahlen,* nicht aber die *negativen Zahlen.* Man schreibt: $\mathbb{B}$

Bruchzahlen: $1, 2, \frac{1}{4}, \frac{7}{5}, 3\frac{1}{2}$

keine Bruchzahlen: $-2, -\frac{1}{4}$

ÜBUNG 8 **Trage die angegebenen Zahlen am Zahlenstrahl ein.**

$\frac{1}{2}, \frac{3}{2}, \frac{4}{2}, \frac{4}{3}, 1\frac{1}{3}, \frac{6}{3}, \frac{2}{4}, \frac{5}{6}, \frac{9}{4}, 1\frac{2}{8}$

ÜBUNG 9 **Marie hat einen Geheimtext geschrieben. Entschlüssle ihn, indem du die rot gedruckten Bruchzahlen möglichst weit kürzt und Scheinbrüche als natürliche Zahlen schreibst.**

Gestern habe ich sechs achtel ______ Stunden Fußball gespielt. Ich schoss insgesamt fünfzehn drittel ______ Eckbälle und vier halbe ______ Tore.

Vor lauter Durst trank ich dreißig zwanzigstel ______ Liter Mineralwasser.

Leider wurde ich fünfzig zehntel ______ Minuten vor Schluss ausgewechselt.

Am Ende haben wir acht Halbe zu acht Achtel ______ gewonnen.

ÜBUNG 10 **Markiere die Brüche, die dieselbe Bruchzahl darstellen, jeweils in derselben Farbe.**

a) $\frac{1}{2}, \frac{2}{3}, \frac{4}{6}, \frac{2}{4}, \frac{4}{8}, \frac{6}{9}$

b) $\frac{3}{5}, \frac{9}{15}, \frac{8}{14}, \frac{30}{50}, \frac{7}{10}, \frac{4}{7}$

ÜBUNG 11 **Kürze den Bruch und schreibe ihn – falls möglich – als natürliche Zahl.**

a) $\frac{8}{4} = \frac{\quad}{\quad} =$ ______

b) $\frac{6}{4} = \frac{\quad}{\quad} =$ ______

c) $\frac{3}{1} = \frac{\quad}{\quad} =$ ______

d) $\frac{0}{10} = \frac{\quad}{\quad} =$ ______

e) $\frac{60}{45} = \frac{\quad}{\quad} =$ ______

f) $\frac{121}{121} = \frac{\quad}{\quad} =$ ______

WISSEN

Gemischte Zahl in unechten Bruch umwandeln

Eine Zahl, die aus einer natürlichen Zahl und einem echten Bruch besteht, soll umgewandelt werden.

1. Schreibe die natürliche Zahl als Bruch mit dem Nenner 1.
2. Erweitere diesen Bruch auf den Nenner des zweiten Bruchs.
3. Addiere beide Brüche, indem du die Summe der Zähler bildest und den Nenner beibehältst.

$3\frac{2}{5}$ soll umgewandelt werden.

Rechne: $\frac{\mathbf{3}}{\mathbf{1}} + \frac{2}{5} = \frac{\mathbf{15}}{\mathbf{5}} + \frac{2}{5} = \frac{17}{5}$

also: $3\frac{2}{5} = \frac{17}{5}$

Der neue Zähler ist 17, der Nenner bleibt 5.

Tipp: Den Zähler erhältst du schnell, wenn du die natürliche Zahl in der gemischten Zahl mit dem Nenner multiplizierst und den Zähler dazu addierst.

$3\frac{2}{5}$ soll umgewandelt werden:

$3 \cdot 5 + 2 = 17$

Der neue Zähler ist 17.

ÜBEN

ÜBUNG 12 **Schreibe in Bruchschreibweise.**

a) $1\frac{1}{2} = \frac{\quad}{\quad} + \frac{\quad}{\quad} = \frac{\quad}{\quad}$

b) $2\frac{1}{4} = \frac{\quad}{\quad} + \frac{\quad}{\quad} = \frac{\quad}{\quad}$

c) $5\frac{1}{4} = \frac{\quad}{\quad} + \frac{\quad}{\quad} = \frac{\quad}{\quad}$

d) $3\frac{2}{3} = \frac{\quad}{\quad} + \frac{\quad}{\quad} = \frac{\quad}{\quad}$

e) $2\frac{8}{9} = \frac{\quad}{\quad} + \frac{\quad}{\quad} = \frac{\quad}{\quad}$

f) $1\frac{1}{10} = \frac{\quad}{\quad} + \frac{\quad}{\quad} = \frac{\quad}{\quad}$

g) $7\frac{1}{7} = \frac{\quad}{\quad} + \frac{\quad}{\quad} = \frac{\quad}{\quad}$

h) $9\frac{8}{9} = \frac{\quad}{\quad} + \frac{\quad}{\quad} = \frac{\quad}{\quad}$

ÜBUNG 13 **Bei den gemischten Zahlen ist etwas schiefgegangen. Kürze die Brüche so weit wie möglich. Forme so um, dass der Bruchanteil der gemischten Zahl jeweils ein echter Bruch ist. Schreibe in dein Übungsheft. Die Beispiele zeigen dir, wie du die Brüche vereinfachen kannst.**

Beispiel: $\mathbf{1\frac{12}{16} = 1\frac{3}{4}}$ $\quad$ $\mathbf{2\frac{5}{2} = 2 + \frac{5}{2} = 2 + \frac{4}{2} + \frac{1}{2} = 2 + 2 + \frac{1}{2} = 4 + \frac{1}{2} = 4\frac{1}{2}}$

a) $1\frac{2}{6}$ b) $10\frac{5}{10}$ c) $5\frac{42}{21}$ d) $2\frac{9}{2}$ e) $4\frac{10}{6}$ d) $9\frac{100}{20}$

WISSEN

Unechten Bruch in gemischte Zahl umwandeln

1. Der Nenner bleibt erhalten.
2. Teile den Zähler durch den Nenner und schreibe die Ganzen vor den Bruchstrich.
3. Der übrig gebliebene Rest ergibt den neuen Zähler.

Der Bruch $\frac{23}{6}$ soll umgewandelt werden.

Rechne 23 : 6 = **3** Rest **5**

$\frac{23}{6} = 3\frac{5}{6}$

Die Zahl vor dem Bruch ist 3, der neue Zähler ist 5, der Nenner bleibt 6.

ÜBUNG 14 **Schreibe die Brüche in der gemischten Schreibweise. Ordne sie dann der Größe nach.**

$\frac{7}{3}, \frac{23}{6}, \frac{11}{3}, \frac{11}{4}, \frac{13}{3}$

ÜBEN

ÜBUNG 15 **Wandle von der reinen Bruchschreibweise in die gemischte Schreibweise um. Kürze so weit wie möglich.**

a) $\frac{3}{2} =$

b) $\frac{17}{4} =$

c) $\frac{12}{5} =$

d) $\frac{14}{4} =$

ÜBUNG 16 **Gib das Ergebnis in gemischter Schreibweise an.**

Beispiel: $10 : 4 = \frac{10}{4} = \frac{5}{2} = 2\frac{1}{2}$

a) 9 : 2 =

b) 5 : 4 =

c) 10 : 3 =

d) 26 : 6 =

ÜBUNG 17 **Welche Zahl ist von $\frac{3}{4}$ nur halb so weit entfernt wie von $\frac{1}{2}$?**

(Tipp: Zeichne den Zahlenstrahl so, dass sich die Strecke von Null bis Eins in zwölf gleich große Strecken teilen lässt. Erweitere beide Brüche auf den Nenner 12.
Es gibt zwei Lösungen, eine zwischen den beiden Zahlen, eine rechts von $\frac{3}{4}$.)

1.3 Brüche addieren und subtrahieren

Addieren

Gleichnamige Brüche werden addiert, indem man die Zähler addiert und den gemeinsamen Nenner beibehält.	$\frac{3}{5}+\frac{4}{5}=\frac{7}{5}$, denn $3+4=7$ $\frac{1}{4}+\frac{3}{4}+\frac{1}{4}=\frac{5}{4}$, denn $1+3+1=5$
Das Ergebnis jeder Rechnung muss so weit wie möglich gekürzt werden.	$\frac{3}{8}+\frac{1}{8}=\frac{4}{8}\underset{4}{\overset{\uparrow}{=}}\frac{1}{2}$
Um **ungleichnamige** Brüche zu addieren, muss man sie zuerst gleichnamig machen. Dies geschieht durch geeignetes Erweitern der Brüche.	$\frac{1}{3}+\frac{5}{9}=\frac{3}{9}+\frac{5}{9}=\frac{8}{9}$ $\frac{1}{4}+\frac{2}{3}+\frac{1}{6}=\frac{3}{12}+\frac{8}{12}+\frac{2}{12}=\frac{13}{12}$
Zum richtigen Ergebnis kommt man mit jedem gemeinsamen Nenner. Mit Brüchen, die auf den Hauptnenner erweitert sind, kann man besonders einfach rechnen.	Rechnung mit gemeinsamem Nenner 96: $\frac{3}{8}+\frac{1}{12}=\frac{36}{\mathbf{96}}+\frac{8}{\mathbf{96}}=\frac{44}{\mathbf{96}}=\frac{11}{24}$ Rechnung mit dem Hauptnenner 24: $\frac{3}{8}+\frac{1}{12}=\frac{9}{\mathbf{24}}+\frac{2}{\mathbf{24}}=\frac{11}{24}$

Subtrahieren

Gleichnamige Brüche werden subtrahiert, indem man die Zähler subtrahiert und den gemeinsamen Nenner beibehält.	$\frac{3}{6}-\frac{2}{6}=\frac{1}{6}$, denn $3-2=1$ $\frac{13}{15}-\frac{8}{15}-\frac{1}{15}=\frac{4}{15}$, denn $13-8-1=4$
Ungleichnamige Brüche müssen zuerst gleichnamig gemacht werden. Der Hauptnenner macht auch hier die Rechnung einfacher.	$\frac{3}{4}-\frac{5}{8}=\frac{6}{8}-\frac{5}{8}=\frac{1}{8}$ $\frac{7}{20}-\frac{3}{25}=\frac{35}{100}-\frac{12}{100}=\frac{23}{100}$

WISSEN

ÜBEN

ÜBUNG 18 Berechne die Summen und Differenzen der gleichnamigen Brüche.

a) $\frac{1}{3} + \frac{1}{3} = \frac{\square}{3}$

b) $\frac{2}{7} + \frac{4}{7} = \frac{\square}{7}$

c) $\frac{17}{23} + \frac{7}{23} = \frac{\square}{23}$

d) $\frac{8}{5} - \frac{2}{5} = \frac{\square}{5}$

e) $\frac{15}{4} - \frac{9}{4} = \frac{\square}{4} = \frac{\square}{2}$

f) $\frac{7}{10} + \frac{9}{10} = \frac{\square}{10} = \frac{\square}{5}$

g) $\frac{13}{9} - \frac{1}{9} = \frac{\square}{9} = \frac{\square}{3}$

h) $\frac{33}{16} - \frac{21}{16} = \frac{\square}{16} = \frac{\square}{4}$

ÜBUNG 19 Fülle die Lücken in den Rechnungen.

a) $\frac{1}{10} + \frac{2}{10} = \frac{\square}{10}$

b) $\frac{1}{2} + \frac{3}{4} = \frac{\square}{4} + \frac{\square}{4} = \frac{\square}{4}$

c) $\frac{2}{5} + \frac{13}{20} = \frac{\square}{20} + \frac{\square}{20} = \frac{\square}{20}$

d) $\frac{1}{6} + \frac{3}{8} = \frac{4}{\square} + \frac{9}{\square} = \frac{\square}{24}$

e) $\frac{12}{7} - \frac{10}{7} = \frac{\square}{7}$

f) $\frac{11}{2} - \frac{11}{3} = \frac{\square}{6} - \frac{\square}{6} = \frac{\square}{6}$

g) $\frac{5}{6} - \frac{4}{9} = \frac{\square}{18} - \frac{\square}{18} = \frac{\square}{18}$

h) $\frac{3}{4} - \frac{9}{17} = \frac{51}{\square} - \frac{36}{\square} = \frac{\square}{68}$

ÜBUNG 20 Gib zu den beiden Brüchen jeweils drei mögliche gemeinsame Nenner an und kreise den Hauptnenner ein.

a) $\frac{7}{5}$ und $\frac{4}{3}$	(15)	30	60
b) $\frac{1}{4}$ und $\frac{5}{2}$			
c) $\frac{2}{9}$ und $\frac{11}{6}$			

ÜBUNG 21 Erweitere die Brüche auf einen gemeinsamen Nenner.

a) $\frac{1}{2} = \square$ $\frac{1}{5} = \square$

b) $\frac{7}{4} = \square$ $\frac{5}{6} = \square$

c) $\frac{9}{10} = \square$ $\frac{3}{14} = \square$

ÜBUNG 22 Berechne und kürze gegebenenfalls das Ergebnis. Schreibe in dein Übungsheft.

a) $\frac{1}{4}+\frac{5}{4}$

b) $\frac{1}{2}+\frac{3}{8}$

c) $\frac{5}{6}+\frac{1}{4}$

d) $\frac{5}{12}+\frac{1}{18}$

e) $\frac{5}{30}+\frac{1}{12}$

f) $\frac{5}{2}-\frac{1}{2}$

g) $\frac{8}{7}-\frac{3}{14}$

h) $\frac{1}{400}-\frac{2}{1000}$

i) $\frac{5}{18}-\frac{1}{27}$

ÜBUNG 23 Schreibe das Ergebnis als Bruch und als gemischte Zahl.

Beispiel: $\frac{1}{2}+\frac{1}{3}+\frac{1}{4}=\frac{6}{12}+\frac{4}{12}+\frac{3}{12}=\frac{13}{12}=1\frac{1}{12}$

a) $\frac{1}{3}+\frac{1}{4}+\frac{1}{5}=$ ____ = ____ = ____

b) $\frac{1}{7}+\frac{2}{3}+\frac{4}{3}+\frac{1}{14}=$ ____ = ____ = ____

c) $\frac{9}{10}-\frac{1}{5}-\frac{2}{3}=$ ____ = ____ = ____

ÜBUNG 24 Wandle zuerst die Brüche aus der gemischten Schreibweise in die Bruchschreibweise um. Berechne anschließend die Ausdrücke.
Schreibe – wenn möglich – das Ergebnis wieder in der gemischten Schreibweise.

Beispiel: $3\frac{3}{4}-1\frac{2}{5}=\frac{15}{4}-\frac{7}{5}=\frac{75}{20}-\frac{28}{20}=\frac{47}{20}=2\frac{7}{20}$

a) $\frac{7}{8}+2\frac{3}{4}=$ ____ = ____ = ____

b) $1\frac{1}{10}-\frac{3}{16}=$ ____ = ____ = ____

c) $10\frac{1}{5}-4\frac{3}{2}+2\frac{1}{3}=$ ____ = ____ = ____

ÜBEN

ÜBEN

WISSEN +

Bruchrechnen mit der Primfaktorzerlegung

Eine **Primzahl** ($p \neq 1$) ist eine natürliche Zahl, die nur 1 und sich selbst als Teiler hat.

Die Zahlen 2, 3, 5, 7, 11, 13, 17, 19, 23, 27 sind Beispiele für Primzahlen.

Eine vorgegebene natürliche Zahl kann man immer als Produkt von Primzahlen schreiben:

1. Schreibe die Zahl als Produkt zweier Zahlen.
2. Versuche, jeden Faktor wiederum als Produkt zu schreiben.
3. Fahre so fort, bis die Faktoren sich nicht weiter zerlegen lassen.
4. Ordne die Faktoren der Größe nach.

Primfaktorzerlegung ...

von 14:

14
$= 2 \cdot 7$

von 40:

40
$= 10 \cdot 4$
$= 2 \cdot 5 \cdot 2 \cdot 2$
$= 2 \cdot 2 \cdot 2 \cdot 5$

Den Hauptnenner zweier Brüche kann man mithilfe der Primfaktorzerlegung der beiden Nenner ermitteln:

1. Zerlege die Nenner in Primfaktoren.
2. Bilde das Produkt der höchsten Potenzen der vorkommenden Primfaktoren.
3. Du erhältst das **kgV der Nenner**; dies entspricht dem **Hauptnenner.**

Gesucht:
Hauptnenner von $\frac{3}{14}$ und $\frac{21}{40}$

$40 = 2 \cdot 2 \cdot 2 \cdot 5 = 2^3 \cdot 5$
$14 = 2 \cdot 7$
Bilde: $2^3 \cdot 5 \cdot 7$ = **280** (Hauptnenner)

ÜBUNG 25 **Finde in einer Nebenrechnung (NR) den Hauptnenner mithilfe der Primfaktorzerlegung. Erweitere die Brüche auf den Hauptnenner und führe anschließend die Rechnung aus. Schreibe in dein Übungsheft.**

Beispiel: $\frac{2}{45} + \frac{5}{36} = \frac{8}{180} + \frac{25}{180} = \frac{33}{180} = \frac{11}{60}$

NR: $45 = 3 \cdot 3 \cdot 5$
$36 = 2 \cdot 2 \cdot 3 \cdot 3$
Bilde: $2 \cdot 2 \cdot 3 \cdot 3 \cdot 5 = 180$

a) $\frac{5}{12} + \frac{3}{50}$

b) $\frac{3}{22} - \frac{1}{28}$

ÜBUNG 26 **Löse das Rätsel durch Zeichnen und durch Rechnen.**

Familie Margherita teilt Pizza nach festen Regeln auf: Frau Margherita bekommt zwei Fünftel, Herr Margherita bekommt drei Zehntel der gesamten Pizza. Von dem, was dann noch übrig ist, bekommt Kater Tom ein Drittel. Den Rest bekommt Sohn Emilio.
Welchen Anteil von der Pizza bekommt Emilio?

1.4 Brüche multiplizieren und dividieren

Multiplizieren

Zwei Brüche werden **multipliziert,** indem man die beiden Zähler und die beiden Nenner jeweils miteinander multipliziert. Das Ergebnis wird gekürzt.

$$\frac{3}{5}\cdot\frac{4}{7}=\frac{3\cdot 4}{5\cdot 7}=\frac{12}{35}$$

$$\frac{4}{3}\cdot\frac{6}{5}=\frac{4\cdot 6}{3\cdot 5}=\frac{24}{15}=\frac{8}{5}$$

Man darf auch vor dem Multiplizieren kürzen. Dazu wird je ein Faktor des Zählers und ein Faktor des Nenners durch dieselbe Zahl dividiert.
Die gekürzten Faktoren werden durchgestrichen und das Ergebnis wird daneben geschrieben.
Aufgepasst: Versuche immer erst zu kürzen, das macht das Rechnen leichter.

$$\frac{4}{15}\cdot\frac{5}{6}=\frac{{}^{2}\cancel{4}\cdot{}^{1}\cancel{5}}{\cancel{15}_{3}\cdot\cancel{6}_{3}}=\frac{2}{9}$$

$$\frac{3}{4}\cdot\frac{5}{9}\cdot\frac{8}{7}=\frac{{}^{1}\cancel{3}\cdot 5\cdot{}^{2}\cancel{8}}{\cancel{4}_{1}\cdot\cancel{9}_{3}\cdot 7}=\frac{10}{21}$$

Durch Multiplikation mit einem Bruch kann man bestimmen, wie viel ein **Anteil** an einer Sache ausmacht.

$\frac{2}{3}$ von 12 kg sind 8 kg:

$$\frac{2}{3}\cdot 12=\frac{2}{3}\cdot\frac{12}{1}=\frac{24}{3}=\frac{8}{1}=8$$

Auch ein Anteil von einem Anteil lässt sich durch Bruchmultiplikation bestimmen. Das Wort „von“ wird hier als Malzeichen übersetzt.

$\frac{3}{10}$ von $\frac{5}{2}$ Liter sind $\frac{3}{4}$ Liter:

$$\frac{3}{10}\cdot\frac{5}{2}=\frac{15}{20}=\frac{3}{4}$$

Dividieren

Den **Kehrwert** eines Bruchs erhält man durch Vertauschen von Zähler und Nenner.

$\frac{5}{2}$ ist der Kehrwert von $\frac{2}{5}$.

Ein Bruch wird durch einen zweiten Bruch **dividiert,** indem man ihn mit dem Kehrwert des zweiten Bruchs multipliziert.

$$\frac{3}{5}:\frac{4}{7}=\frac{3}{5}\cdot\frac{7}{4}=\frac{3\cdot 7}{5\cdot 4}=\frac{21}{20}$$

Ein **Doppelbruch** ist ein Bruch, bei dem Zähler und Nenner selbst auch Brüche sind. Man kann ihn als Division schreiben und ausrechnen.

$$\frac{\frac{4}{5}}{\frac{3}{2}}=\frac{4}{5}:\frac{3}{2}=\frac{4}{5}\cdot\frac{2}{3}=\frac{4\cdot 2}{5\cdot 3}=\frac{8}{15}$$

WISSEN

ÜBUNG 27 Berechne die Produkte.

a) $\frac{1}{2}\cdot\frac{1}{2} = \frac{\ \cdot\ }{\ \cdot\ } = \frac{\ }{\ }$

b) $\frac{3}{7}\cdot\frac{5}{2} = \frac{\ \cdot\ }{\ \cdot\ } = \frac{\ }{\ }$

c) $\frac{7}{25}\cdot\frac{11}{4} = \frac{\ \cdot\ }{\ \cdot\ } = \frac{\ }{\ }$

d) $\frac{1}{3}\cdot\frac{4}{5}\cdot\frac{7}{3} = \frac{\ \cdot\ \cdot\ }{\ \cdot\ \cdot\ } = \frac{\ }{\ }$

ÜBUNG 28 Berechne die Quotienten. Vergiss nicht, zuerst den Kehrwert des zweiten Bruchs zu bilden.

a) $\frac{7}{4}:\frac{2}{5} = \frac{\ }{4}\cdot\frac{\ }{2} = \frac{\ \cdot\ }{4\cdot 2} = \frac{\ }{8}$

b) $\frac{3}{4}:\frac{5}{9} = \frac{\ }{\ }\cdot\frac{\ }{\ } = \frac{\ \cdot\ }{\ \cdot\ } = \frac{\ }{\ }$

c) $\frac{11}{5}:\frac{9}{2} = \frac{\ }{\ }\cdot\frac{\ }{\ } = \frac{\ \cdot\ }{\ \cdot\ } = \frac{\ }{\ }$

d) $\frac{8}{15}:\frac{15}{12} = \frac{\ }{\ }\cdot\frac{\ }{\ } = \frac{\ \cdot\ }{\ \cdot\ } = \frac{\ }{\ } = \frac{\ }{\ }$

ÜBUNG 29 Fülle die Lücken in den Rechenketten. Wenn du alles richtig machst, kommt bei allen dieselbe Zahl heraus.

a) $\frac{3}{4}$ → $\cdot 2$ → ☐ → $+1$ → ☐ → $-\frac{3}{2}$ → ☐

b) $\frac{1}{3}$ → $+\frac{1}{2}$ → ☐ → $\cdot 2$ → ☐ → $-\frac{2}{3}$ → ☐

c) $\frac{23}{10}$ → $+\frac{6}{5}$ → ☐ → $:\frac{3}{2}$ → ☐ → $-\frac{4}{3}$ → ☐

ÜBUNG 30 Berechne die Ausdrücke. Kürze – falls möglich – vor dem Multiplizieren.

a) $\frac{1}{2}\cdot\frac{3}{4} =$

b) $\frac{10}{7}\cdot\frac{3}{5} =$

c) $\frac{3}{5}\cdot\frac{2}{9} =$

d) $\frac{11}{20}\cdot\frac{15}{22} =$

e) $\frac{1}{4}\cdot\frac{4}{3}\cdot\frac{3}{1} =$

f) $\frac{3}{8}\cdot\frac{4}{5}\cdot\frac{10}{9} =$

ÜBUNG 31 Sieben Zehntel der Erdoberfläche sind mit Wasser bedeckt. Etwa die Hälfte davon nimmt der Pazifische Ozean ein.
Wie groß ist sein Anteil an der gesamten Erdoberfläche?

ÜBUNG 32 Wandle die Doppelbrüche in eine Division um und berechne die Ergebnisse. Kürze so weit wie möglich.

a) $\dfrac{\frac{2}{5}}{\frac{1}{6}} = \_\_ : \_\_ = \_\_ \cdot \_\_ = \_\_\_\_$

b) $\dfrac{\frac{3}{2}}{\frac{15}{4}} = \_\_ : \_\_ = \_\_ \cdot \_\_ = \_\_\_\_$

ÜBUNG 33 Berechne die Ausdrücke. Beachte, dass du bei einer Division erst kürzen darfst, nachdem du sie in eine Multiplikation umgeformt hast!

a) $\frac{3}{10} : \frac{1}{2} = \_\_ \cdot \_\_ = \_\_\_\_ = \_\_$

b) $\frac{4}{9} : \frac{2}{3} = \_\_ \cdot \_\_ = \_\_\_\_ = \_\_$

c) $\frac{12}{7} : \frac{8}{21} = \_\_ \cdot \_\_ = \_\_\_\_ = \_\_$

d) $\frac{35}{78} : \frac{49}{130} = \_\_ \cdot \_\_ = \_\_\_\_ = \_\_$

WISSEN +

Mit gemischten Zahlen rechnen
Enthält eine Bruchrechnung natürliche Zahlen, so forme diese zuerst in Brüche um. Anschließend kannst du wie gewohnt mit den Brüchen rechnen.
Enthält eine Rechnung gemischte Zahlen, so forme diese ebenfalls zuerst in die Bruchschreibweise um. Rechne anschließend wie gewohnt mit den Brüchen.
Forme die Ergebnisse in beiden Fällen ggf. wieder in gemischte Zahlen um.

$$\frac{5}{3} \cdot 7 = \frac{5}{3} \cdot \frac{7}{1} = \frac{5 \cdot 7}{3 \cdot 1} = \frac{35}{3} = 11\frac{2}{3}$$

$$\frac{10}{3} : 4 = \frac{10}{3} : \frac{4}{1} = \frac{10}{3} \cdot \frac{1}{4} = \frac{10}{12} = \frac{5}{6}$$

$$2\frac{1}{2} : 1\frac{3}{4} = \left(\frac{4}{2} + \frac{1}{2}\right) : \left(\frac{4}{4} + \frac{3}{4}\right) =$$

$$= \frac{5}{2} : \frac{7}{4} = \frac{5}{2} \cdot \frac{4}{7} = \frac{20}{14} = \frac{10}{7} = 1\frac{3}{7}$$

ÜBUNG 34 Berücksichtige beim Rechnen alle bisher besprochenen Regeln. Schreibe in dein Übungsheft.

a) $2\frac{2}{3} \cdot 5\frac{1}{4}$

b) $2\frac{1}{3} : 2\frac{4}{5}$

c) $1\frac{3}{7} \cdot 6 \cdot 3\frac{1}{2}$

ÜBUNG 35 **Schreibe die Anteile als Produkt und berechne sie. Gib beim Ergebnis die Einheit mit an. Wie viel ist ...**

a) die Hälfte von einem halben Kilogramm?
b) ein Viertel von einem zehntel Liter?
c) ein Drittel von drei Vierteln einer Pizza?
d) zwei Drittel von einer Dreiviertelstunde?

WISSEN +

Potenzen von Bruchzahlen
Eine Zahl „hoch drei" bedeutet, dass sie dreimal mit sich selbst multipliziert werden soll. Dieses Multiplizieren mit sich selbst nennt man **Potenzieren.**
Auch Bruchzahlen kann man potenzieren.

$$\left(\frac{2}{5}\right)^3 = \frac{2}{5} \cdot \frac{2}{5} \cdot \frac{2}{5} = \frac{8}{125}$$

$$\left(\frac{1}{4}\right)^4 = \frac{1}{4} \cdot \frac{1}{4} \cdot \frac{1}{4} \cdot \frac{1}{4} = \frac{1}{256}$$

ÜBUNG 36 **Schreibe die Potenzen als Produkte und berechne die Ergebnisse.**

a) $\left(\frac{4}{5}\right)^2 =$

b) $\left(\frac{1}{2}\right)^5 =$

c) $\left(\frac{1}{10}\right)^4 =$

d) $\left(1\frac{1}{2}\right)^3 =$

ÜBUNG 37 **Die Größe einer Rechteckfläche berechnet man als „Länge mal Breite".**

Wie viel Quadratmeter hat eine $4\frac{1}{2}$ Meter lange und $3\frac{1}{2}$ Meter breite Rasenfläche?

ÜBUNG 38 **Schreibe passende Zahlen in die Lücken. Die Ergebnisse der Rechnungen stehen in gekürzter Form da.**

a) $\frac{4}{5} \cdot \frac{}{} = \frac{2}{5}$

b) $1\frac{1}{4} : \frac{}{} = \frac{5}{14}$

ÜBUNG 39 **Lea behauptet: „Wenn ich eine beliebige Zahl mit $\frac{2}{3}$ multipliziere, ist das Ergebnis kleiner als die ursprüngliche Zahl."**

a) Untersuche, ob Leas Aussage stimmt und ob sie generell für das Multiplizieren mit einer Bruchzahl gilt.
b) Kann das Ergebnis einer Division größer sein als die ursprüngliche Zahl? Finde Beispiele.

1.5 Alle Rechenarten in einem Term

Ein **Rechenausdruck** (**Term**) besteht aus sinnvoll zusammengefügten Zahlen und Rechenzeichen. Er kann mithilfe von Klammern gegliedert werden.

Der Term $\frac{3}{5}\cdot\left(\frac{5}{3}+\frac{2}{3}\right)$ bedeutet:
Multipliziere drei Fünftel mit der Summe aus fünf Drittel und zwei Drittel.

Den **Wert** eines Terms rechnet man schrittweise aus. Den nicht berechneten Teil schreibt man jeweils mit ab.

berechnen

$$\frac{3}{5}\cdot\left(\frac{5}{3}+\frac{2}{3}\right)=\frac{3}{5}\cdot\frac{7}{3}=\frac{7}{5}$$

abschreiben berechnen

Rechenregeln

Klammern werden zuerst berechnet.

$$\frac{5}{6}-\left(\frac{5}{3}-\frac{4}{3}\right)=\frac{5}{6}-\frac{1}{3}=\frac{5}{6}-\frac{2}{6}=\frac{3}{6}=\frac{1}{2}$$

Bei ineinander geschachtelten Klammern wird die innere zuerst berechnet.

$$\left(\left(\frac{5}{4}-\frac{3}{4}\right)-\frac{1}{3}\right)\cdot\frac{6}{5}=\left(\frac{2}{4}-\frac{1}{3}\right)\cdot\frac{6}{5}$$

$$=\left(\frac{1}{2}-\frac{1}{3}\right)\cdot\frac{6}{5}=\left(\frac{3}{6}-\frac{2}{6}\right)\cdot\frac{6}{5}=\frac{1}{6}\cdot\frac{6}{5}=\frac{1\cdot\cancel{6}^{1}}{_{1}\cancel{6}\cdot 5}=\frac{1}{5}$$

Punktrechnungen (· und :) werden vor **Strichrechnungen** (+ und –) ausgeführt.

$$\frac{1}{2}+\frac{1}{8}\cdot\frac{8}{3}=\frac{1}{2}+\frac{1\cdot\cancel{8}^{1}}{_{1}\cancel{8}\cdot 3}=\frac{1}{2}+\frac{1}{3}=\frac{3}{6}+\frac{2}{6}=\frac{5}{6}$$

$$\frac{7}{12}:\frac{7}{10}-\frac{1}{6}=\frac{7}{12}\cdot\frac{10}{7}-\frac{1}{6}=\frac{^{1}\cancel{7}\cdot\cancel{10}^{5}}{_{6}\cancel{12}\cdot\cancel{7}_{1}}-\frac{1}{6}$$

$$=\frac{5}{6}-\frac{1}{6}=\frac{4}{6}=\frac{2}{3}$$

Potenzrechnung wird vor Punkt- und Strichrechnung ausgeführt.

$$\frac{5}{7}\cdot\left(\frac{3}{5}\right)^{2}=\frac{5}{7}\cdot\frac{9}{25}=\frac{^{1}\cancel{5}\cdot 9}{7\cdot\cancel{25}_{5}}=\frac{9}{35}$$

Die Strich- und die Punktrechnungen sind untereinander jeweils gleichrangig. Es wird von links nach rechts gerechnet.

$$\frac{12}{5}-\frac{8}{5}+\frac{1}{2}=\frac{4}{5}+\frac{1}{2}=\frac{8}{10}+\frac{5}{10}=\frac{13}{10}$$

$$\frac{9}{2}:\frac{5}{3}\cdot\frac{5}{4}=\frac{9}{2}\cdot\frac{3}{5}\cdot\frac{5}{4}=\frac{9}{2}\cdot\frac{3}{_{1}\cancel{5}}\cdot\frac{\cancel{5}^{1}}{4}=\frac{27}{8}$$

Wie für die natürlichen Zahlen, gelten auch für die Bruchzahlen **Kommutativgesetz** (KG) und **Assoziativgesetz** (AG) der Addition sowie **Kommutativgesetz** (KG) und **Assoziativgesetz** (AG) der Multiplikation. Außerdem gelten die **Distributivgesetze** (DG) der Division und der Multiplikation. (↗ Kap. 3.3)

KG: $a+b=b+a$ $\qquad$ $a\cdot b=b\cdot a$

$$\frac{3}{4}+\frac{7}{8}=\frac{7}{8}+\frac{3}{4}\qquad\frac{1}{7}\cdot\frac{3}{8}=\frac{3}{8}\cdot\frac{1}{7}$$

AG: $(a+b)+c=a+(b+c)$ $\qquad$ $(a\cdot b)\cdot c=a\cdot(b\cdot c)$

$$\left(\frac{1}{2}+\frac{3}{4}\right)+\frac{9}{4}=\frac{1}{2}+\left(\frac{3}{4}+\frac{9}{4}\right)\qquad\left(\frac{3}{2}\cdot\frac{3}{8}\right)\cdot\frac{9}{6}=\frac{3}{2}\cdot\left(\frac{3}{8}\cdot\frac{9}{6}\right)$$

DG:

$(a+b):c=a:c+b:c$ $\qquad$ $(a+b)\cdot c=a\cdot c+b\cdot c$

$$\left(\frac{1}{2}+\frac{3}{4}\right):\frac{9}{4}=\frac{1}{2}:\frac{9}{4}+\frac{3}{4}:\frac{9}{4}\qquad\left(\frac{1}{2}+\frac{3}{4}\right)\cdot\frac{9}{4}=\frac{1}{2}\cdot\frac{9}{4}+\frac{3}{4}\cdot\frac{9}{4}$$

ÜBUNG 40 Rechne von links nach rechts. Kürze so weit wie möglich.

a) $\frac{1}{5}+\frac{3}{10}+\frac{3}{5}=$

b) $\frac{1}{2}+\frac{1}{3}+\frac{1}{4}=$

c) $\frac{9}{10}-\frac{1}{5}-\frac{2}{3}=$

d) $3\frac{1}{4}+1\frac{1}{2}-2\frac{1}{8}=$

e) $\frac{1}{2}\cdot\frac{1}{4}\cdot\frac{1}{11}=$

f) $\frac{2}{3}\cdot\frac{3}{5}\cdot\frac{15}{4}=$

g) $\frac{3}{4}\cdot\frac{8}{7}\cdot\frac{14}{5}=$

h) $\frac{3}{4}\cdot\frac{2}{7}:\frac{3}{2}=$

WISSEN

Arbeiten mit Unterklammern

Analysiere einen Term immer genau, bevor du ihn berechnest:
Gibt es Klammern oder Potenzen? Wo gilt „Punktrechnung vor Strichrechnung“?
Wo muss von links nach rechts gerechnet werden?

$\underbrace{\underbrace{\frac{1}{2}-\frac{1}{9}}+\underbrace{\frac{1}{3}\cdot\frac{5}{2}}}$ $\qquad$ $\underbrace{\frac{5}{2}\cdot\underbrace{\left(\frac{3}{3}\right)^3}+\frac{1}{2}}$ $\qquad$ $\underbrace{\left(\underbrace{\left(\frac{3}{4}+\frac{1}{4}\right)}-\frac{2}{5}\right)\cdot\frac{5}{6}}$

Beim Bestimmen der Reihenfolge helfen dir Unterklammern, die du mit Bleistift unter den Term zeichnen kannst.

ÜBUNG 41 Zeichne Unterklammern und berechne die Terme. Rechne im Übungsheft.

a) $\frac{6}{5}\cdot\frac{3}{4}-\frac{1}{4}$

b) $\frac{13}{7}+\frac{5}{7}\cdot\frac{3}{2}$

c) $\frac{1}{2}-\frac{1}{3}-\frac{1}{6}$

d) $\frac{3}{11}\cdot\frac{22}{5}+\frac{5}{6}\cdot\frac{3}{2}$

ÜBUNG 42 Schreibe die Terme als Rechenkette (↗ Übung 29) und berechne sie.

Beispiel: $\frac{5}{4}\cdot\frac{2}{3}-\frac{2}{3}$ $\quad$ $\boxed{\frac{5}{4}} \xrightarrow{\cdot\frac{2}{3}} \frac{5}{6} \xrightarrow{-\frac{2}{3}} \frac{1}{6}$

a) $\frac{1}{2}\cdot\frac{5}{3}+\frac{5}{6}-\frac{2}{3}=$

b) $\frac{3}{5}+\frac{2}{3}\cdot\frac{9}{5}=$

(Tipp: Starte mit $\frac{2}{3}$.)

ÜBEN

ÜBUNG 43 **In einem alten Zaubererbuch findet sich der folgende Text. Stelle für die angegebene Menge einen Rechenausdruck auf. Berechne damit den gesuchten Bruchteil.**

„Damit der Trank auch wirkt, musst du die rechte Menge an Katzentränen wohl bestimmen. Nimm hierzu ein Viertel von einer halben Träne. Füge ihr ein Drittel einer drittel Träne hinzu. Verdopple anschließend die Menge und gib all dies dem Trank hinzu ...“

ÜBUNG 44 **Vereinfache bei den Doppelbrüchen zuerst Zähler und Nenner. Achte darauf, den Hauptbruchstrich jeweils etwas länger als die übrigen Bruchstriche zu ziehen!**

Beispiel: $\dfrac{\frac{5}{2}\cdot\frac{3}{4}}{\frac{1}{2}+\frac{3}{4}} = \dfrac{\frac{15}{8}}{\frac{5}{4}} = \frac{15}{8}:\frac{5}{4} = \frac{15}{8}\cdot\frac{4}{5} = \frac{3}{2}$

a) $\dfrac{\frac{5}{2}-\frac{3}{4}}{\frac{1}{2}\cdot\frac{3}{4}} =$

b) $\dfrac{2\cdot\frac{1}{4}}{\frac{3}{2}+\frac{3}{7}} =$

ÜBUNG 45 **Überlege dir zuerst, in welcher Reihenfolge du vorgehen musst, und berechne dann die Terme.**

a) $\left(\frac{1}{4}\right)^2\cdot\left(\frac{2}{5}+\frac{6}{5}\right) =$

b) $2\frac{1}{4}+\frac{1}{2}\cdot\left(\frac{3}{2}\right)^2 =$

c) $\frac{5}{3}\cdot\left(\frac{14}{5}-\left(\frac{1}{4}+2\right)\right) =$

d) $3\frac{1}{2}-\left(\frac{5}{3}+\frac{7}{6}\right)\cdot\left(\frac{1}{2}\right)^3 =$

ÜBEN

TESTEN

KLASSENARBEIT 1

50 Minuten

AUFGABE 1 Lies die dunkel gefärbten Bruchteile ab.

a) 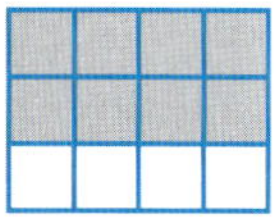

c) 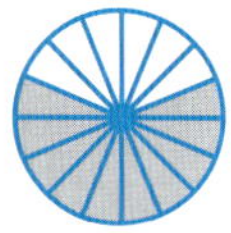

b) 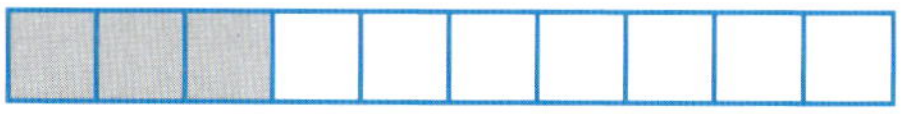

AUFGABE 2 Kürze so weit wie möglich. Wandle – falls möglich – in gemischte Zahlen um.

a) $\frac{6}{9}$ b) $\frac{24}{26}$ c) $\frac{84}{35}$ d) $\frac{145}{200}$

AUFGABE 3 Zeichne auf kariertem Papier einen Zahlenstrahl mit 16 Kästchen zwischen 0 und 1. Trage die folgenden Bruchzahlen an den richtigen Stellen ein.

$\frac{13}{16}, \frac{3}{4}, \frac{5}{32}, \frac{9}{8}$

AUFGABE 4 Berechne die Terme.

a) $\frac{3}{8} + \frac{13}{8}$ b) $\frac{11}{4} - \frac{5}{6}$ c) $\frac{9}{5} - \left(\frac{1}{3} + \frac{2}{7}\right)$

AUFGABE 5 Schreibe die Brüche als gemischte Zahlen und sortiere sie der Größe nach.

$\frac{9}{4}, \frac{9}{10}, \frac{11}{6}, \frac{11}{5}, \frac{9}{5}$

AUFGABE 6 Berechne die Terme.

a) $\frac{6}{4} \cdot \frac{20}{11}$ b) $4\frac{2}{5} \cdot 1\frac{9}{11}$ c) $\frac{51}{35} : \frac{17}{14}$

AUFGABE 7 Berechne die Terme. Achte dabei auf die Rechenregeln!

a) $6\frac{1}{2} - 3\frac{1}{4} : 1\frac{1}{8}$ b) $\frac{9}{2} : 5 - \left(\frac{3}{5}\right)^2 \cdot 2$

AUFGABE 8 Suche den Hauptnenner der beiden Brüche $\frac{5}{198}$ und $\frac{16}{231}$.

45 Minuten

KLASSENARBEIT 2

AUFGABE 9 **Markiere folgende Zahlen auf dem Zahlenstrahl: $\frac{1}{6}$; $\frac{2}{3}$; $1\frac{1}{3}$; $\frac{3}{2}$.**

AUFGABE 10 **Prüfe durch Kürzen, welche der folgenden Bruchzahlen gleich sind:**

$\frac{14}{21} = \frac{\quad}{\quad}$ $\frac{12}{18} = \frac{\quad}{\quad}$ $\frac{21}{33} = \frac{\quad}{\quad}$ $\frac{32}{48} = \frac{\quad}{\quad}$

AUFGABE 11 **Berechne.**

a) $\frac{3}{4} + \frac{3}{8} =$ b) $\frac{7}{4} - \frac{5}{12} =$ c) $3\frac{1}{3} - 2\frac{2}{5} =$

d) $\frac{3}{7} \cdot \frac{4}{9} =$ e) $3\frac{1}{5} \cdot 6 =$ f) $\frac{5}{12} : \frac{1}{4} =$

AUFGABE 12 **Erweitere die Brüche so, dass im Nenner 100 steht.**

a) $\frac{9}{5} = \frac{\quad}{\quad}$ b) $\frac{2}{8} = \frac{\quad}{\quad}$

AUFGABE 13 **Gib den Anteil an.**

a) $\frac{7}{10}$ von 1 € sind ct.

b) $\frac{3}{5}$ von 1 h sind min.

AUFGABE 14 **Jonas hat schon eine halbe Pizza gegessen und behauptet: „Von dem Rest schaffe ich mindestens drei Viertel.“ Welchen Anteil der gesamten Pizza hätte er dann geschafft?**

KLASSENARBEIT 3

50 Minuten

AUFGABE 15 **Gib die auf dem Zahlenstrahl markierten Zahlen A, B und C als vollständig gekürzte Brüche an.**

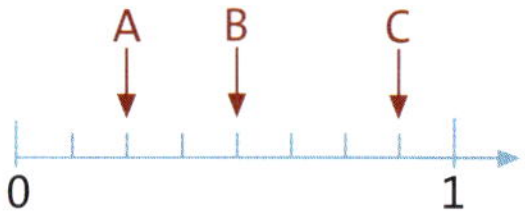

A = —— B = —— C = ——

AUFGABE 16 **Schreibe den Anteil als vollständig gekürzten Bruch.**

Letzten Samstag fielen drei von neun Bundesligaspielen aus, d. h., ______ der Spiele fanden statt.

AUFGABE 17 **Berechne.**

a) $\left(\frac{1}{12}+\frac{7}{3}-\frac{7}{8}\right)\cdot 24$ b) $18\cdot\frac{4}{5}-\frac{1}{5}\cdot 18$

AUFGABE 18 **Berechne.**

a) $3\cdot\frac{17}{15}=$ b) $\frac{40}{3}:12=$

AUFGABE 19 **Schreibe die Brüche $\frac{9}{18}$ und $\frac{4}{6}$ mit dem Nenner 30.**

AUFGABE 20 **Multipliziere vier Neuntel mit einhundertacht Sechzehntel.**

AUFGABE 21 **Niklas trainiert dreimal in der Woche eine Dreiviertelstunde, Lara zweimal pro Woche anderthalb Stunden. Wer trainiert insgesamt länger?**

AUFGABE 22 **Lara möchte ihren zwölf Freundinnen Saft einschenken.**

Sie hat drei $1\frac{1}{2}$-Liter-Flaschen Saft. Kann sie damit für jede ihrer Freundinnen einen Becher mit einem Fassungsvermögen von $\frac{2}{5}$ l füllen?

60 Minuten

KLASSENARBEIT 4

AUFGABE 23 **Gib die gefärbten Anteile als vollständig gekürzte Brüche an.**

a)

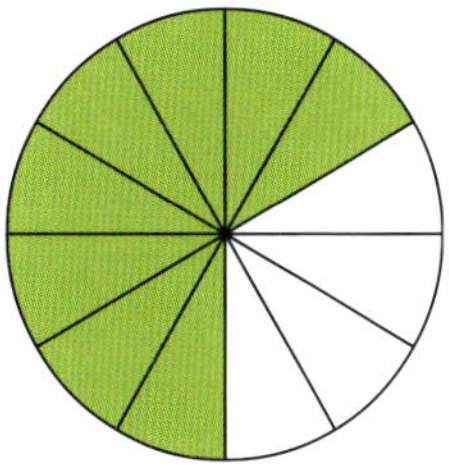

b)

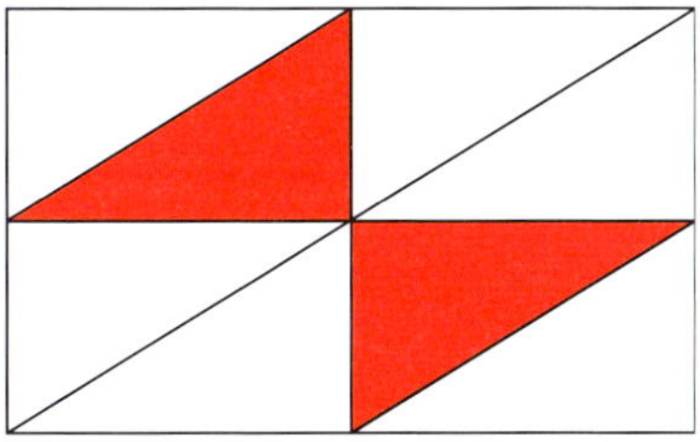

AUFGABE 24 **Vergleiche die Brüche und setze <, > oder = ein.**

a) $\frac{4}{13} \quad \frac{7}{13}$ b) $\frac{3}{11} \quad \frac{5}{9}$ c) $\frac{5}{6} \quad \frac{15}{36}$

AUFGABE 25 **Ergänze den fehlenden Zähler oder Nenner.**

a) $\frac{3}{7} = \frac{}{42}$ b) $\frac{48}{36} = \frac{4}{}$

AUFGABE 26 **Schreibe die Brüche als gemischte Zahl.**

a) $\frac{820}{18} =$ b) $\frac{43}{8} =$ c) $\frac{77}{9} =$

AUFGABE 27 **Berechne.**

a) $\frac{1}{11}$ von 1 221 cm b) $\frac{2}{15}$ von 4 905 g

c) $\frac{1}{4}$ von 24 Schülern d) $\frac{8}{9}$ von 99 kg

AUFGABE 28 **Gib als Bruchteil in der angegebenen Einheit an.**

a) 15 min = h b) 500 kg = t c) 125 m = km

TESTEN

AUFGABE 29 **Welche Zahl muss man mit $\frac{4}{7}$ multiplizieren, um $\frac{20}{14}$ zu erhalten?**

AUFGABE 30 **Eine Baufirma lässt mehrere Fuhren Beton anliefern:**

$\frac{15}{2}$ t, $10\frac{1}{4}$ t, $\frac{17}{5}$ t und $7\frac{1}{2}$ t.

Berechne das Gesamtgewicht der Betonlieferung. Gib das Ergebnis als vollständig gekürzten Bruch und als gemischte Zahl an.

AUFGABE 31 **Von den 30 Schülern der Klasse 6a kommen $\frac{3}{5}$ mit dem Rad zur Schule, drei Schüler fahren mit dem Bus.**
Gib die Brüche jeweils vollständig gekürzt an.

a) Wie viele Schüler fahren mit dem Rad?
b) Welchen Anteil machen die Schüler aus, die mit dem Bus zur Schule kommen? Gib als vollständig gekürzten Bruch an.
c) Welcher Anteil der Klasse kommt weder mit dem Rad noch mit dem Bus zur Schule? Gib als vollständig gekürzten Bruch an.
d) In der 6 b kommen $\frac{3}{8}$ der Schüler mit dem Rad, in der 6c tut dies $\frac{1}{3}$ der Klasse. In welcher Klasse ist der Anteil der Radfahrer am größten?

TESTEN

AUFGABE 32 **Berechne und nutze dabei Rechenvorteile.**

a) $4 - \frac{3}{8} \cdot \frac{20}{3} + \frac{7}{4}$ b) $\frac{4}{9} \cdot \left(1 - \frac{7}{2} : 8\right) - 3 \cdot \frac{5}{12}$

AUFGABE 33 **Welche natürlichen Zahlen kannst du in der Ungleichungskette $\frac{1}{12} < \frac{x}{24} < \frac{1}{4}$ für den Platzhalter x einsetzen?**

2 Zahlen in Dezimalschreibweise

2.1 Dezimalzahlen

Eine Bruchzahl kann man als Bruch oder in **Dezimalschreibweise** angeben. Man spricht auch kurz von **Dezimalzahlen**.

0,25 steht für $\frac{1}{4}$.
Man sagt: *null Komma zwei fünf.*

1,5 steht für $\frac{3}{2}$; 0,02 für $\frac{2}{100}$

Die Stellen nach dem Komma heißen Nachkommastellen oder **Dezimalen.**

0,25 hat zwei Dezimalen.

Die Stellenwerttafel des Zehnersystems wird um Zehntel, Hundertstel, Tausendstel usw. nach rechts fortgesetzt.

…	1000	100	10	1	$\frac{1}{10}$	$\frac{1}{100}$	$\frac{1}{1000}$	…
		7	4	3	2	1	7	

Die Stelle, an der eine Ziffer steht, bestimmt ihren **Stellenwert.**

$7 \cdot 100 + 4 \cdot 10 + 3 \cdot 1 + \frac{2}{10} + \frac{1}{100} + \frac{7}{1000}$
$= 743{,}217$

Den **Wert** einer Dezimalzahl erhält man, indem man jede Ziffer mit ihrem Stellenwert multipliziert und alle Teilergebnisse addiert.

$4{,}3 = 4 + \frac{3}{10} = \frac{40}{10} + \frac{3}{10} = \frac{43}{10}$

$0{,}32 = \frac{3}{10} + \frac{2}{100} = \frac{30}{100} + \frac{2}{100} = \frac{32}{100} = \frac{8}{25}$

Jede Dezimalzahl hat einen eindeutigen Platz auf dem Zahlenstrahl.
Für ein und dieselbe Zahl sind viele Schreibweisen möglich. Man schreibt normalerweise ohne Endnullen.

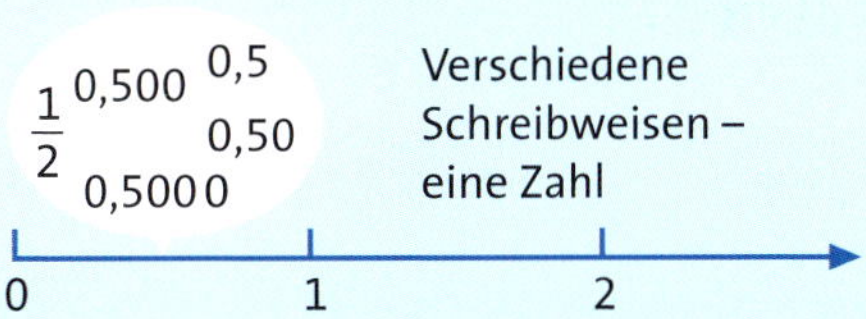

Von zwei Zahlen auf dem Zahlenstrahl ist immer die linke kleiner und die rechte größer.

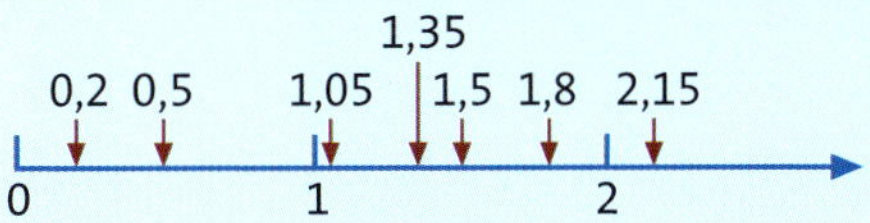

Zwei Dezimalzahlen werden stellenweise von links nach rechts **verglichen**. Die größere Zahl ist diejenige, bei der zuerst eine größere Ziffer vorkommt.

0,**2**9
0,**3**
↑

3 > 2, also ist 0,3 > 0,29.

Zur Vereinfachung können die Zahlen beim **Vergleich** stellenweise untereinandergeschrieben werden.

12,2**4**9 9
12,2**5**
↑

5 > 4, also ist 12,25 > 12,249 9.

WISSEN

ÜBUNG 1 **Schreibe jeden der Zehnerbrüche (Brüche, deren Nenner Zehnerpotenzen sind) als Dezimalzahl.**

Beispiel: $\frac{7}{10} = 0{,}7$

a) $\frac{3}{10}$ = 　　 b) $\frac{7}{100}$ = 　　 c) $\frac{3}{10\,000}$ =

d) $\frac{9}{10}$ = 　　 e) $\frac{1}{1000}$ = 　　 f) $\frac{3}{1\,000\,000}$ =

ÜBUNG 2 **Schreibe die Dezimalzahlen mithilfe von Zehnerpotenzen und Zehnerbrüchen.**

Beispiel: $132{,}51 = 100 + 30 + 2 + \frac{5}{10} + \frac{1}{100}$

a) 1,3 =

b) 12,03 =

c) 0,001 02 =

ÜBUNG 3 **Trage die angegebenen Zahlen so genau wie möglich auf dem jeweiligen Zahlenstrahl ein. Benutze ein Lineal.**

a) 0,5; 0,20; 0,05; 0,75; 0,31; 0,87; 1,09

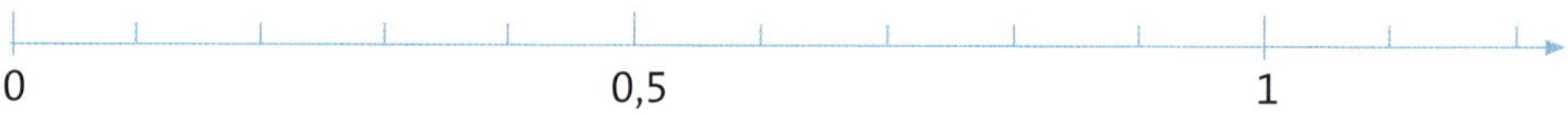

b) 3,3; 0,0; 0,9; 4,55; 2,05; 2,4; 3,95

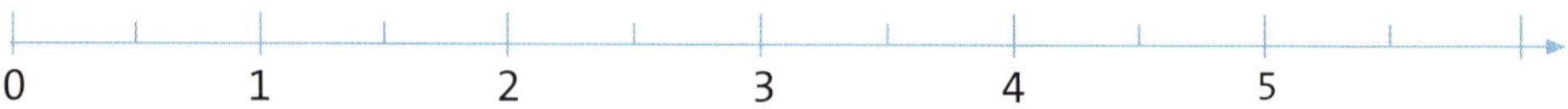

ÜBUNG 4 **Schreibe jede der Dezimalzahlen zunächst als Zehnerbruch. Kürze falls möglich. Schreibe in dein Übungsheft.**

Beispiel: $1{,}22 = 1 + \frac{2}{10} + \frac{2}{100} = \frac{100}{100} + \frac{20}{100} + \frac{2}{100} = \frac{122}{100} = \frac{61}{50}$

a) 2,7 　　 b) 0,26 　　 c) 12,1 　　 d) 2,005

ÜBUNG 5 **Ordne jedem der Brüche auf der linken Seite durch einen Pfeil die zugehörige Dezimalzahl auf der rechten Seite zu.**

a) $\frac{1}{10}$	0,03	b) $\frac{70}{100}$	0,077
$\frac{3}{10}$	0,1	$\frac{777}{100}$	0,7
$\frac{3}{100}$	0,003	$\frac{7}{100}$	0,77
$\frac{33}{100}$	3,3	$\frac{707}{1000}$	7,77
$\frac{33}{10}$	0,3	$\frac{77}{1000}$	0,707
$\frac{3}{1000}$	0,33	$\frac{770}{1000}$	0,07

WISSEN

Hilfreiche Dezimalzahlen auswendig wissen!
Beim Rechnen hilft es, wenn du die Schreibweisen für die folgenden Zahlen auswendig kennst:

$\frac{1}{2} = 0{,}5$ $\frac{1}{4} = 0{,}25$ $\frac{1}{8} = 0{,}125$ $\frac{1}{10} = 0{,}1$ $\frac{1}{25} = 0{,}04$ $\frac{1}{50} = 0{,}02$ $\frac{1}{100} = 0{,}01$

Vielfache davon erhälst du durch Kopfrechnen: $\frac{3}{4} = 0{,}75$ und $\frac{4}{25} = 0{,}16$.

ÜBUNG 6 **Wenn du die Zahlen, die denselben Wert haben, durch Linien verbindest, entsteht ein Muster. (Hinweis: Nicht zu allen Zahlen findest du eine Entsprechung!)**

0,125		0,25		$\frac{1}{2}$
	0,7		3	
0,7000		$\frac{1}{4}$		$\frac{6}{2}$
	$\frac{7}{10}$		3,0	
$\frac{1}{25}$		0,250		0,02

ÜBEN

ÜBUNG 7 **Lies die markierten Zahlen (a bis h) ab. Gib die Ergebnisse in Dezimalschreibweise an.**

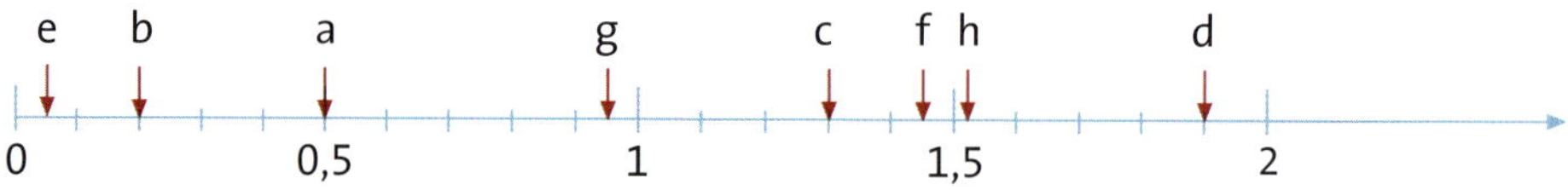

a = ______ b = ______

c = ______ d = ______

e = ______ f = ______

g = ______ h = ______

ÜBUNG 8 **Sortiere die Dezimalzahlen der Größe nach.**

12,3; 0,56; 0,123; 0,65; 0,8; 1,23; 1,22; 0,88

ÜBUNG 9 **Schreibe jeweils ohne Komma in einer geeigneten Einheit.**
Beispiele: 1,2 kg = 1 200 g; 22,42 m = 2 242 cm

a) 4,4 kg = ______ b) 0,33 l = ______

c) 12,3 dm = ______ d) 22,03 t = ______

e) 0,45 km = ______ f) 1,3 cm^2 = ______

g) 0,075 m = ______ h) 0,82 m^2 = ______

ÜBUNG 10 **Vergleiche und trage in die Lücken <, > oder = ein.**

4,2		4,02	$\frac{27}{100}$		0,027
2,89		12,98	$\frac{917}{10000}$		0,0917
0,04		0,039	1,02		$\frac{53}{50}$
0,0010		0,00100	3,45		$3\frac{9}{20}$

ÜBUNG 11 **Paul behauptet, 2,1 Minuten entsprächen 210 Sekunden. Wie viele Sekunden sind es tatsächlich? Kannst du dir vorstellen, welchen Fehler Paul gemacht hat?**

2.2 Rechnen mit Dezimalzahlen

Addieren und Subtrahieren

Zur schriftlichen **Addition** werden die Dezimalzahlen stellenweise untereinandergeschrieben: Ziffern mit gleichem Stellenwert stehen untereinander und **Komma** steht **unter Komma.** Dann wird, wie gewohnt, von rechts beginnend stellenweise addiert. Im Ergebnis wird das Komma stellengerecht genau unter denen der Rechnung eingefügt.

			0,	3	5	
	+		1,	2	6	8
	+		0,	0	8	2
Übertrag	+	1	2,		2	1
Ergebnis		1	3,	7	0	0

0,35 + 1,268 + 0,082 + 12 = **13,7**

Zur schriftlichen **Subtraktion** werden die Dezimalzahlen stellenweise untereinandergeschrieben: Ziffern mit gleichem Stellenwert stehen untereinander und **Komma** steht **unter Komma.** Dann wird, wie gewohnt, von rechts beginnend stellenweise subtrahiert. Im Ergebnis wird das Komma stellengerecht genau unter denen der Rechnung eingefügt.

		8,	2	4	0
	–	2,	0	8	3
Übertrag			1	1	
Ergebnis		6,	1	5	7

8,240 – 2,083 = **6,157**

Haben die Zahlen unterschiedlich viele Nachkommastellen, so kann man an die „kürzere" Zahl **Endnullen anhängen.**

		1	2,	2	4	0	0
	+		3,	8	7	2	5
Übertrag			1	1			
Ergebnis		1	6,	1	1	2	5

12,24 + 3,872 5 = **16,112 5**

Multiplizieren

Zur schriftlichen **Multiplikation** zweier Dezimalzahlen schreibt und rechnet man zunächst ohne Komma.
Das Ergebnis erhält genauso viele Dezimalen wie beide Faktoren zusammen.
Endnullen des Ergebnisses werden bei der Kommasetzung **mitgezählt.** Geschrieben wird das Ergebnis aber ohne Endnullen.
Beachte: Ist einer der Faktoren eine natürliche Zahl, so hat er null Dezimalen.

2,23 · 3,8: 223 · 38 → 2,23 · 3,8 = 8,474

223 · 38
669
+ 1784
8474

2 Dezimalen + 1 Dezimale = 3 Dezimalen

1,24 · 0,25: 124 · 25 → 1,24 · 0,25 = 0,3100

124 · 25
248
+ 620
1 1
3100

Endnullen mitzählen

Schreibe: 0,31

Bei der **Multiplikation** mit einer **Zehnerpotenz (Stufenzahl)** wird das Komma um so viele Stellen nach rechts gerückt, wie die Zehnerpotenz Nullen hat.

7,6 · 100 = 760,0 = 760

2 Nullen: Verschiebung um 2 Stellen

Dividieren

Division einer **Dezimalzahl durch eine natürliche Zahl:** Man dividiert wie gewohnt. Im Ergebnis wird das Komma genau dann gesetzt, wenn man beim Dividieren das Komma überschreitet. Ist auch der Dividend eine natürliche Zahl, so denkt man sich das Komma nach der Zahl geschrieben.

```
 2 8, 2 : 6 = 4,7      (Komma setzen)
-2 4
   4 2
  -4 2
   0 0
```

Dividend Divisor

28,2 : 6 = 4,7

```
 5, 0 0 : 4 = 1,25
-4
 1 0
-  8
   2 0
 -   0
   0 0
```

5 : 4 = 1,25

Ist der Dividend kleiner als der Divisor, so beginnt das Ergebnis mit „Null Komma“. Gegebenenfalls entstehen nach dem Komma noch weitere Nullen.

```
 2, 1 5 : 25 = 0,086
-0
 2 1
-0 0
 2 1 5
-2 0 0
   1 5 0
  -1 5 0
       0
```

2,15 : 25 = 0,086

Bei der **Division** einer **Dezimalzahl durch eine Dezimalzahl** verschiebt man in beiden Zahlen das Komma um dieselbe Anzahl von Stellen nach rechts, bis der Divisor eine natürliche Zahl ist.
Dann wird eine Division durch eine natürliche Zahl ausgeführt. Der Wert des Quotienten ist derselbe wie der in der Ursprungsaufgabe.

1,05 : 0,6 = 10,5 : 6

Komma um eine Stelle nach rechts verschoben.

```
 1 0, 5 : 6 = 1,75
-  6
   4 5
  -4 2
     3 0
    -3 0
       0
```

1,05 : 0,6 = 1,75

Bei Division durch eine **Zehnerpotenz** wird das Komma im Dividenden um so viele Stellen nach links verschoben, wie die Zehnerpotenz Nullen hat.

1,76 : 10 = 0,176

1 Null: Verschiebung um 1 Stelle

Runden

Interessiert nur die ungefähre Größe, so kann man eine Dezimalzahl auf eine vorgegebene Anzahl von Dezimalen **runden.**
Es gelten folgende Regeln:
Ist die Dezimale nach der Rundungsstelle 0, 1, 2, 3 oder 4, so wird **abgerundet.** Ist sie 5, 6, 7, 8 oder 9, so wird **aufgerundet.**

Runde 1,47**2**6 auf zwei Dezimalen.
Die folgende (dritte) Dezimale ist **2**, also ist abzurunden: 1,4726 ≈ 1,47.

Weitere Beispiele (auf 2 Dezimalen)

1,47**5** ≈ 1,48 1,47**0**98 ≈ 1,47
1,47**4**99 ≈ 1,47 1,46**5** ≈ 1,47

ÜBUNG 12 Fülle die Lücken in den schriftlichen Rechnungen und ergänze die Ergebnisse.

a) 4,32 + 2,98 = 7,___ 4,32 + 2,98 = ___

b) 7,247 − 6,382 = ___,___5 7,247 − 6,382 = ___

c) 12,___ + 0,82 = ___,___ 12,3 + 0,82 = ___

d) ___,___ − 2,435 = ___,___ 4,3 − 2,435 = ___

ÜBUNG 13 Murat führt eine Woche lang Buch über seine Einnahmen und seine Ausgaben. Ist er in dieser Woche reicher oder ärmer geworden?
Zu Wochenbeginn hatte er 10,50 €. Wie viel Geld hat er am Ende der Woche?

Einnahmen	Ausgaben
5,00 € Taschengeld	2,30 € Computerzeitschrift
1,50 € abgegebene Pfandflaschen	3,75 € Süßkram vom Bäcker
5,20 € Annas Schuldenrückzahlung	2,99 € Geschenk für Salih
	1,79 € Schlüsselanhänger

ÜBUNG 14 Fülle die Lücken in den Rechnungen aus. Setze anschließend jeweils das Komma an die richtige Stelle.

a) 43 · 91
___
\+ 43
___
4,3 · 9,1 = ___

b) 103 · 324
___
\+ 206
\+ ___
___
10,3 · 3,24 = ___

ÜBUNG 15 Berechne im Kopf und trage die Ergebnisse ein. Achte insbesondere bei der Multiplikation auf das Komma!

a) 2,2 + 2,1 = ___ b) 7,2 + 0,6 = ___ c) 5,3 + 5,8 = ___
d) 12,7 + 7,3 = ___ e) 2,2 − 2,1 = ___ f) 18,3 − 5 = ___
g) 2,5 − 1,3 = ___ h) 6,2 − 3,8 = ___ i) 2 · 1,3 = ___
j) 4 · 2,4 = ___ k) 3,3 · 2 = ___ l) 0,9 · 7 = ___

ÜBUNG 16 Rechne schriftlich in deinem Übungsheft.

a) 2,23 + 7,78 b) 13,44 + 8,281 c) 12,05 + 0,055 d) 10,2 − 8,8
e) 3,15 − 1,48 f) 7,05 − 0,153 g) 1,95 · 3 h) 2,4 · 2,7

ÜBUNG 17 **Fülle die Lücken in den Divisionen. Jedes leere Feld steht für eine Ziffer. Beim Ergebnis muss in eines der leeren Felder das Komma eingetragen werden.**

a)
```
  28,5 : 6 = 4 _ _ _
 -_ _
  ‾‾‾
   45
  -42
   ‾‾
   _ _
  -_ _
   ‾‾‾
     0
```

b)
```
 3,36 : 4 = _ _ _ _
-0
 ‾
 _ _
-_ _
 ‾‾‾
  _ _
 -_ _
  ‾‾‾
    0
```

ÜBUNG 18 **Verschiebe in jedem der Terme das Komma zuerst so weit nach rechts, dass der Divisor eine natürliche Zahl ist. Führe dann eine Nebenrechnung durch und gib das Ergebnis an. Notiere auch, um wie viele Stellen du das Komma verschoben hast.**

Aufgabe		Rechnung		Ergebnis	Verschiebung
8,4 : 1,6	=	84 : 16	=	5,25	um 1 Stelle
5,461 : 2,15	=	546,1 : 215	=	2,54	um 2 Stellen
16 : 2,5	=	:	=		
0,1705 : 5,5	=	:	=		
1,83 : 0,12	=	:	=		
9,72 : 2,025	=	:	=		

WISSEN +

Prozentrechnung

Im Alltag werden Anteile vom Ganzen oft in Prozentsätzen angegeben (↗ Kap. 4.4).

Das Ganze ist der **Grundwert.**

Der **Prozentwert** gibt an, um wie viel (absolute Häufigkeit, konkrete Anzahl) vom Ganzen es geht. Der **Prozentsatz** gibt an, wie groß der Anteil (relative Häufigkeit) dieser Anzahl am Ganzen ist.

Prozent (%) heißt „von 100“. Prozente sind also Hundertstel vom Ganzen.

Ein Prozentsatz kann als Bruch oder als Dezimalzahl dargestellt werden.

Die Hälfte vom (ganzen) Kuchen oder $\frac{1}{2}$ vom Kuchen oder $\frac{50}{100}$ vom Kuchen oder 50 % vom Kuchen: Alle diese Bezeichnungen geben dasselbe an.

50 %, 7,5 % und 0,1 % sind Prozentsätze.

$1\,\% = \frac{1}{100} = 0{,}01$ $\quad 50\,\% = \frac{50}{100} = 0{,}5$

$12\,\% = \frac{12}{100} = 0{,}12$ $\quad 7{,}5\,\% = \frac{7{,}5}{100} = 0{,}075$

ÜBUNG 19 **Der folgende Text stammt aus einer Klassenzeitung. Gib jeden der angegebenen Prozentsätze als Dezimalzahl und als Bruch an. Kürze die Brüche, wenn möglich.**

Unsere Umfrage in der Klasse hat Folgendes ergeben:

a) Genau 50 % der Schüler beginnen mit ihren Hausaufgaben gleich nach der Schule.

b) 60 % können unseren Mathelehrer ganz gut leiden; weitere 30 % gaben an, sie fänden ihn noch erträglich.

c) Nur 15 % sagten, sie hätten ein bisschen Angst vor der nächsten Arbeit. Ist ja eigentlich auch nicht nötig.

d) Und 100 % gaben an, sie hätten lieber Ferien als Unterricht!

ÜBUNG 20 **Runde jede der Dezimalzahlen auf die angegebene Anzahl von Dezimalen. Beispiel: 3,141 ≈ 3,1 (auf 1 Dezimale gerundet)**

a) 3,32	≈		(auf 1 Dezimale)	b) 3,41	≈		(auf 0 Dezimalen)
c) 3,48	≈		(auf 1 Dezimale)	d) 3,499	≈		(auf 1 Dezimale)
e) 7,003	≈		(auf 2 Dezimalen)	f) 5,3314	≈		(auf 3 Dezimalen)
g) 13,599	≈		(auf 2 Dezimalen)	h) 1,995	≈		(auf 2 Dezimalen)

ÜBUNG 21 **Fülle die Lücken in den Rechenketten. Wenn du alles richtig machst, kommt bei allen dieselbe Zahl heraus.**

	Start						
a)	0,5	– 0,3 ⇒		· 6 ⇒		+1,3 ⇒	
b)	1,5	: 2 ⇒		+9,25 ⇒		: 4 ⇒	
c)	5,76	: 7,2 ⇒		–0,175 ⇒		· 4 ⇒	

ÜBUNG 22 **Für Dezimalzahlen gelten dieselben Rechenregeln wie für Bruchzahlen. Denke besonders an die „Punkt-vor-Strich-Regel“ und daran, dass Klammern zuerst berechnet werden (↗ Kap. 1.5). Berechne:**

a) 12,2 – 2,2 – 3,5 b) 7,25 + 1,5 · 4 c) 1,2 · 1,5 + 3 · 0,6

d) 5,5 · (1,92 + 2,08) e) 12 – (4,7 – (2,9 – 1,3)) f) 3,09 + 1,12

2.3 Dezimal- und Bruchschreibweise

Umwandlung einer endlichen **Dezimalzahl in einen Bruch:**
- Der **Zähler** ist die Dezimalzahl ohne Komma geschrieben.
- Der **Nenner** ist eine Zehnerpotenz (Stufenzahl), die genau so viele Nullen hat wie die Dezimalzahl Nachkommastellen.

Beachte: Anschließend sollte der Bruch vollständig gekürzt werden.

$4{,}3 = \frac{43}{10}$ (1 Dezimale → 1 Null)

$0{,}35 = \frac{35}{100} = \frac{7}{20}$ (2 Dezimalen → 2 Nullen)

$8{,}151 = \frac{8151}{1000}$ (3 Dezimalen → 3 Nullen)

Umwandlung eines **Bruchs in eine endliche Dezimalzahl:**
Lässt sich ein Bruch so erweitern oder kürzen, dass im Nenner eine Zehnerpotenz steht, so kann man ihn umwandeln, indem man zunächst auf die Zehnerpotenz erweitert oder kürzt und das Ergebnis anschließend als Dezimalzahl schreibt.

$\frac{7}{2} = \frac{35}{10} = 3{,}5$ (1 Null → 1 Dezimale)

$\frac{3}{20} = \frac{15}{100} = 0{,}15$

$\frac{63}{50} = \frac{126}{100} = 1{,}26$ (2 Nullen → 2 Dezimalen)

Ein Bruch kann auch mithilfe einer Division (↗ Kap. 2.2) in die Dezimalschreibweise umgewandelt werden.

$\frac{7}{2} = 7 : 2 = 3{,}5$ $\frac{15}{8} = 15 : 8 = 1{,}875$

Periodische Dezimalzahlen

Manche Bruchzahlen können nicht so erweitert oder gekürzt werden, dass im Nenner eine Zehnerpotenz steht. Bei diesen Bruchzahlen bricht die Division auch an keiner Stelle ab. Die Ergebnisse wiederholen sich im Laufe der Rechnung.
Solche Zahlen nennt man **periodische Dezimalzahlen:** Der periodische Teil wird durch einen Strich gekennzeichnet.

$\frac{2}{3} = 2 : 3$

```
  2   : 3 = 0,666...
- 0
  20
- 18
   20
   18...
```

$= 0{,}666\,666\,66... = 0{,}\overline{6}$
Man sagt: *Null Komma Periode Sechs.*

Die Periode tritt manchmal nicht sofort auf, sondern erst ab einer gewissen Stelle.
Es kommt auch vor, dass sich bei der Division eine ganze Reihe von Ziffern wiederholt.

$\frac{11}{6} = 11 : 6 = 1{,}833\,333\,333... = 1{,}8\overline{3}$
Man sagt: *Eins Komma Acht Periode Drei.*

$\frac{115}{11} = 115 : 11 = 10{,}454\,545\,45... = 10{,}\overline{45}$
Man sagt: *Zehn Komma Periode Vier Fünf.*

Die Anzahl der sich wiederholenden Ziffern heißt **Länge der Periode.**

$1{,}8\overline{3}$ hat die *Periodenlänge eins.*
$10{,}\overline{45}$ hat die *Periodenlänge zwei.*

ÜBUNG 23 **Schreibe jede der Dezimalzahlen als Bruch. Wandle sie zuerst in einen Zehnerbruch um und kürze falls möglich. Schreibe in dein Übungsheft.**

Beispiel: $1{,}24 = \frac{124}{100} = \frac{62}{50} = \frac{31}{25}$

a) 0,7 b) 0,35 c) 1,3 d) 0,09 e) 1,8
f) 50,25 g) 10,5 h) 1,383 i) 1,26 j) 2,001

ÜBUNG 24 **Schreibe jeden der Brüche als Dezimalzahl.**

a) $\frac{1}{10} =$ b) $\frac{4}{100} =$ c) $\frac{312}{100} =$

d) $\frac{3}{10} =$ e) $\frac{58}{10} =$ f) $\frac{1025}{1000} =$

g) $\frac{1}{1000} =$ h) $\frac{12}{1000} =$ i) $\frac{54205}{1000} =$

j) $\frac{27}{100} =$ k) $\frac{124}{1000} =$ l) $\frac{541}{10000} =$

ÜBUNG 25 **Erweitere jeden der Brüche zu einem Zehnerbruch. Schreibe sie anschließend jeweils als Dezimalzahl.**

Beispiel: $\frac{1}{4} = \frac{25}{100} = 0{,}25$

a) $\frac{1}{5} =$ b) $\frac{7}{20} =$

c) $\frac{4}{5} =$ d) $\frac{1}{50} =$

e) $\frac{11}{2} =$ f) $\frac{13}{500} =$

g) $\frac{5}{4} =$ h) $\frac{3}{40} =$

i) $\frac{3}{25} =$ j) $\frac{3}{8} =$

ÜBUNG 26 **Verwandle jeden der Brüche durch Division in eine Dezimalzahl. Bei diesen Aufgaben bricht die Division ab.**

a) $\frac{3}{8}$ b) $\frac{121}{4}$ c) $\frac{13}{16}$ d) $\frac{177}{80}$ e) $\frac{1}{20}$

ÜBEN

ÜBUNG 27 **Wandle in die jeweils andere Schreibweise um.**

Ein Kocher kann mit 1,8 ( ) Litern Brennstoff betankt werden und brennt für $1\frac{1}{2}$ ( ) Stunden. Pro Minute benötigt er rund $\frac{1}{50}$ ( ) Liter. Sein Gewicht beträgt leer 1,2 ( ) kg und voll betankt 2,75 ( ) kg.

WISSEN

Hilfreiche periodische Dezimalzahlen

Merkst du dir die folgenden periodischen Dezimalzahlen, so fallen dir Umrechnungen leichter:

$\frac{1}{3} = 0,\overline{3}$ $\frac{2}{3} = 0,\overline{6}$ $\frac{1}{6} = 0,1\overline{6}$ $\frac{2}{6} = \frac{1}{3} = 0,\overline{3}$ $\frac{1}{9} = 0,\overline{1}$ $\frac{2}{9} = 0,\overline{2}$

$\frac{1}{90} = 0,0\overline{1}$ $\frac{2}{90} = 0,0\overline{2}$ $\frac{1}{99} = 0,\overline{01}$ $\frac{2}{99} = 0,\overline{02}$ $\frac{3}{9} = \frac{1}{3} = 0,\overline{3}$

ÜBUNG 28 **Verwandle jeden der Brüche durch Division in eine Dezimalzahl. Bei diesen Aufgaben liefert das Divisionsverfahren periodische Dezimalzahlen als Ergebnis. Gib jeweils auch die Periodenlänge an.**

a) $\frac{1}{3}$ b) $\frac{20}{9}$ c) $\frac{3}{11}$ d) $\frac{5}{12}$ e) $\frac{11}{27}$

ÜBUNG 29 **Ein Verein hat für ein Grillfest 400 Euro ausgegeben. Teilgenommen haben 10 Mitglieder und 10 Nichtmitglieder. Nichtmitglieder sollen in etwa das Doppelte zahlen wie Mitglieder. Mache einen Vorschlag, wie viel man von den jeweiligen Gästen verlangen soll, sodass die Kosten exakt wieder eingenommen werden.**

ÜBUNG 30 **Eine Mathematiklehrerin behauptet, sie könne jede beliebige periodische Dezimalzahl mit der Periodenlänge eins als Bruch schreiben. Überprüfe das Ergebnis der unten stehenden Rechnung. Übertrage die Rechnung auf die Zahl $0,\overline{6}$ und überprüfe dein Ergebnis.**

Die Zahl sei beispielsweise $0,\overline{5}$.
Multipliziere sie mit 10 und ziehe die ursprüngliche Zahl vom Ergebnis ab:
$10 \cdot 0,\overline{5} = 5,\overline{5}$ und $5,\overline{5} - 0,\overline{5} = 5$
Also gilt: $10 \cdot 0,\overline{5} - 1 \cdot 0,\overline{5} = 5$
Das heißt: $9 \cdot 0,\overline{5} = 5$ Daher gilt: $0,\overline{5} = 5:9 = \frac{5}{9}$

ÜBEN

60 Minuten

KLASSENARBEIT 1

AUFGABE 1 **Schreibe als Dezimalzahl.**

a) $\frac{5}{4}$ b) $\frac{3}{5}$ c) $\frac{27}{8}$

AUFGABE 2 **Schreibe als Bruch.**

a) 0,3 b) 1,15 c) 1,25

AUFGABE 3 **Gib jeweils eine Dezimalzahl an, die zwischen beiden Zahlen liegt. Es gibt zu jeder Aufgabe viele mögliche Lösungen.**

a) zwischen 4 und 5
b) zwischen 0,22 und 0,23
c) zwischen 8,052 und 8,0521

AUFGABE 4 **Runde auf die jeweils angegebene Anzahl von Dezimalen.**

a) 5,44 (auf eine Dezimale)
b) 12,3845 (auf zwei Dezimalen)
c) 0,997 (auf zwei Dezimalen)

AUFGABE 5 **Berechne schriftlich.**

a) $2{,}513 + 17{,}67$ b) $0{,}3 - 0{,}1099$
c) $2{,}55 \cdot 0{,}24$ d) $313{,}2 : 2{,}7$
e) $0{,}57 : 11$ f) $7{,}34 \cdot 0{,}213$

AUFGABE 6 **Welche Zahl muss man vom Produkt der Zahlen 2,25 und 4,5 subtrahieren, um das Produkt von 2,53 und 4 zu erhalten?**

AUFGABE 7 **Schreibe den Bruch $\frac{25}{14}$ als Dezimalzahl. Gib auch die Länge der Periode an.**

AUFGABE 8 **Zwei Hobbygärtner streiten sich darum, wer das größere Gründstück hat. Das von Herrn Rose ist quadratisch. Jede Seite ist 22,5 m lang. Herrn Schlauchs Grundstück ist rechteckig. Es ist 13,5 m breit und 37 m lang. Wer von beiden hat das größere Grundstück? Um wie viele Quadratmeter unterscheiden sich die beiden Grundstücke?**

AUFGABE 9 **Berechne den Term: $2{,}7^2 - 2{,}48 : 0{,}8$. (Beachte die Rechenregeln!)**

TESTEN

KLASSENARBEIT 2

50 Minuten

TESTEN

AUFGABE 10 **Gib die Dezimalzahlen an, die auf dem Zahlenstrahl markiert sind.**

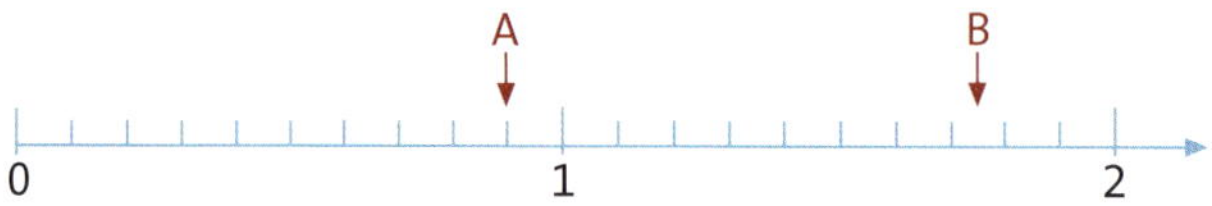

AUFGABE 11 **Ordne jeder Dezimalzahl den passenden Bruch zu.**
(Hinweis: Nicht zu jeder Bruchzahl ist eine passende Dezimalzahl vorhanden!)

Dezimalzahlen: $0{,}2$ | $0{,}\overline{2}$ | $2{,}2$ | $0{,}0222$ | $0{,}0\overline{2}$

Brüche: $\frac{2}{9}$ | $\frac{2}{5}$ | $2\frac{1}{2}$ | $\frac{2}{90}$ | $\frac{222}{9999}$ | $\frac{1}{2}$ | $\frac{111}{5000}$ | $\frac{1}{5}$ | $\frac{11}{5}$

AUFGABE 12 **Runde 3,547 auf …**

a) Hundertstel b) Zehntel c) Einer

AUFGABE 13 **Fülle die Lücken.**

a) $0{,}000\,000\,000\,001 \cdot 100 =$ ______

b) $0{,}000\,000\,000\,001 \cdot$ ______ $= 0{,}000\,001$

AUFGABE 14 **Wandle in die angegebene Einheit um.**

a) $1{,}234\,\text{m} =$ ______ cm b) $0{,}0055\,\text{km} =$ ______ m

c) $8{,}1\,\text{kg} \cdot 3 =$ ______ kg d) $5{,}04\,€ : 7 =$ ______ ct

AUFGABE 15 **Berechne die Terme und beachte dabei die Rechenregeln.**

a) $11{,}888 + 2{,}222$ b) $0{,}02 - 0{,}0172$ c) $0{,}064 \cdot 1{,}2$

d) $4{,}16 : 1{,}3$ e) $2{,}32 - 1{,}4 : 0{,}2$ f) $8{,}1 - [3{,}4 - (1{,}5 + 6{,}7)]$

⏱ 45 Minuten

KLASSENARBEIT 3

AUFGABE 16 Schreibe als Dezimalzahl.

a) $\frac{6}{5}$ b) $2\,\frac{3}{8}$ c) $\frac{16}{3}$ d) $\frac{13}{99}$

AUFGABE 17 Schreibe als Bruch.

a) 0,65 b) 6,125 c) $0,\overline{7}$ d) $1,\overline{23}$

AUFGABE 18 Runde …

	0,887	0,091	51,895
auf Hundertstel			
auf Zehntel			
auf Einer			

AUFGABE 19 Nenne die kleinstmögliche und die größtmögliche Dezimalzahl mit zwei Dezimalstellen, die gerundet 6,8 ergibt.

AUFGABE 20 Anna, David, Finn und Sophie wetten am Silvesterabend, wessen Uhr am genauesten geht. Genau um Mitternacht vergleichen sie ihre Uhren. Wer gewinnt die Wette?

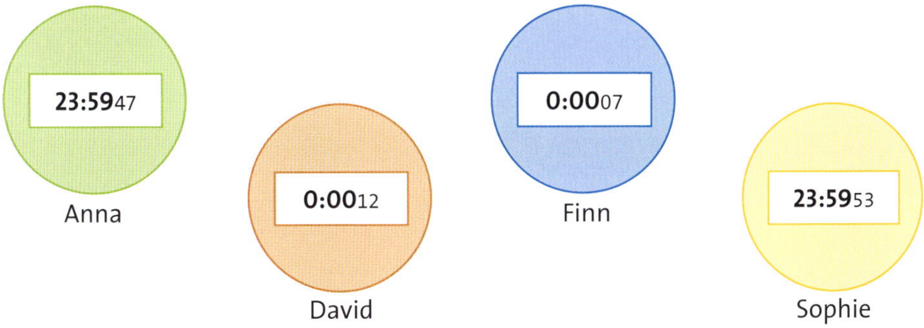

AUFGABE 21 Berechne die Terme und beachte dabei die Rechenregeln.

a) 1,98 – 1,89 b) 10,01 + 9,89 c) 3,4 · 4,3
d) 2,442 : 2,2 e) 2,8 · (7,93 – 1,45) f) (3,46 + 1,92) : 2,1

3 Rationale Zahlen, Terme und Gleichungen

3.1 Rationale Zahlen

Negative Zahlen

Wird der **Zahlenstrahl** nach links unendlich erweitert, erhält man die **Zahlengerade.** Die Zahlen links von der Null heißen **negative Zahlen** und werden durch ein **negatives Vorzeichen** (–) gekennzeichnet. Die Zahlen rechts von der Null heißen **positive Zahlen**, sie können durch ein **positives Vorzeichen** (+) gekennzeichnet werden.

Die Null ist weder positiv noch negativ.

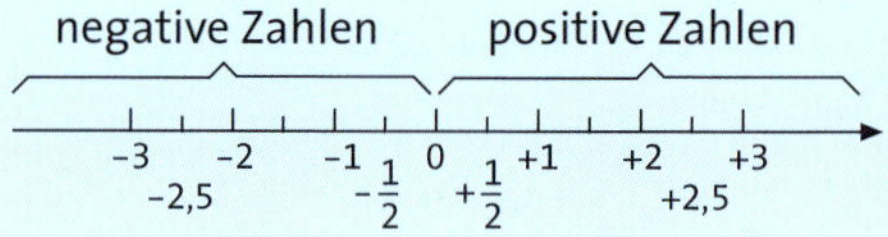

Beispiel: Es kann im Winter auch kälter als 0 °C sein, die Temperatur kann also unter 0 °C liegen. Man spricht dann von *Minusgraden*. Bei –10 °C sagt man *minus zehn Grad Celsius*.

Auch das **Koordinatensystem (Achsenkreuz)** kann in den negativen Bereich fortgesetzt werden.

Die Pfeilspitzen an den Achsen zeigen, in welche Richtung die Zahlen größer werden.

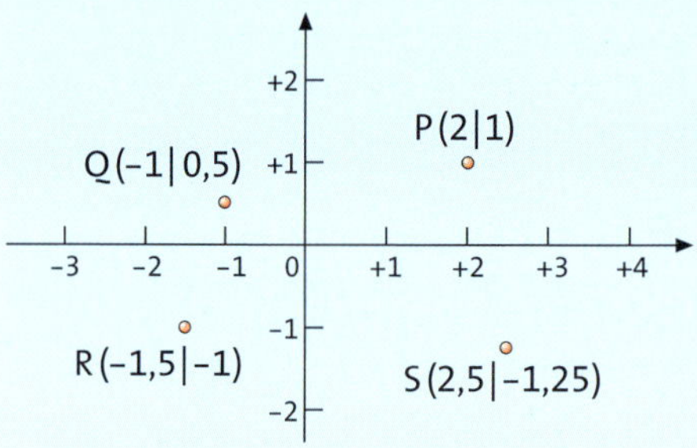

Betrag und Gegenzahl

Der Abstand einer Zahl zur Null heißt **Betrag** der Zahl.

Haben zwei verschiedene Zahlen denselben Abstand zur Null, so ist jede der beiden Zahlen die **Gegenzahl** der anderen.

Zwei Gegenzahlen liegen immer symmetrisch zum Nullpunkt.

Der Betrag von –3 ist 3:
$|-3| = 3$.
Es gilt: $|-3| = |+3| = 3$.
–3 ist die Gegenzahl von +3 und
+3 ist die Gegenzahl von –3.

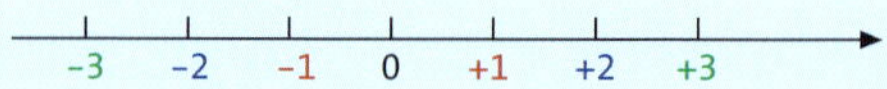

Zahlenmengen

Die **Menge der natürlichen Zahlen** kürzt man mit dem Symbol ℕ ab.

ℕ = {0; 1; 2; 3; 4; ...}
(*Beachte:* Manchmal wird die Null nicht zu ℕ gezählt.)

Die natürlichen Zahlen zusammen mit ihren Gegenzahlen bilden die **Menge der ganzen Zahlen** ℤ.

ℤ = {... −3; −2; −1; 0; 1; 2; 3; ...}
$-2 \in \mathbb{Z}$: −2 **ist Element** der ganzen Zahlen.
$0{,}25 \notin \mathbb{Z}$: 0,25 **ist kein Element** der ganzen Zahlen.

Alle positiven und negativen Zahlen, die man als Bruch schreiben kann, bilden die **Menge der rationalen Zahlen** ℚ.
Man schreibt:

$\left\{\mathbb{Q} = \frac{p}{q} \text{ mit } p, q \in \mathbb{Z} \text{ und } q \neq 0\right\}$

𝔹 (auch $\mathbb{Q}^+$) bezeichnet die Menge aller positiven rationalen Zahlen (einschließlich der Null), $\mathbb{Q}^-$ die Menge aller negativen rationalen Zahlen.

Aber:
$0{,}25 = \frac{1}{4} \in \mathbb{Q}$: 0,25 **ist Element** der rationalen Zahlen.

$6 = \frac{6}{1} \in \mathbb{Q}$;

6 ist Element der rationalen Zahlen.

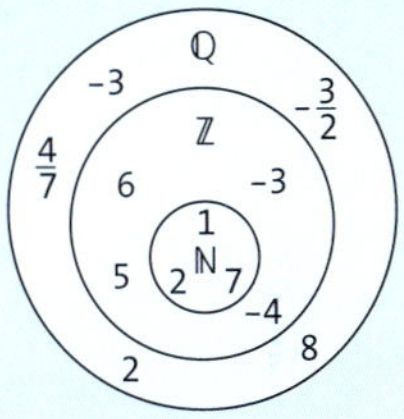

Anordnung

Vergleichen von zwei Zahlen:
Liegt eine Zahl a auf der Zahlengeraden weiter links als eine Zahl b, so ist a **kleiner** als b.
Man schreibt: a < b.

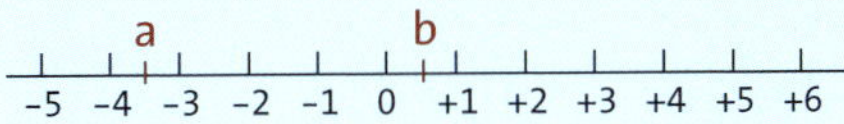

Die Zahl b liegt dann weiter rechts als die Zahl a, also ist b **größer** als a.
Man schreibt daher auch: b > a.

+4 < +6 bzw. +6 > +4

−3 < −2 bzw. −2 > −3

−2 < +4 bzw. +4 > −2

Bei gleichnamigen Brüchen werden die Zähler verglichen. Ungleichnamige Brüche werden zuerst gleichnamig gemacht (auf den Hauptnenner erweitert) und dann verglichen (↗ Kap. 1.1).

Vergleiche $-\frac{1}{3}$ und $-\frac{1}{4}$:

Hauptnenner: kgV (3; 4) = 12

Es ist $-\frac{1}{3} = -\frac{4}{12}$ und $-\frac{1}{4} = -\frac{3}{12}$,

damit $-\frac{4}{12} < -\frac{3}{12}$, also $-\frac{1}{3} < -\frac{1}{4}$.

Merke: **Eine negative Zahl ist immer kleiner als eine positive Zahl!**

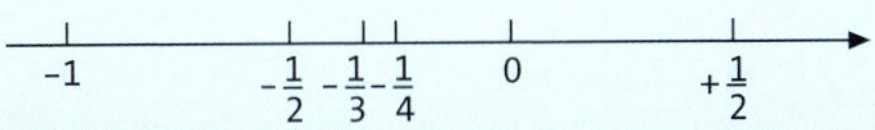

ÜBUNG 1 **Welche Zahlen sind auf den Zahlengeraden rot markiert?**

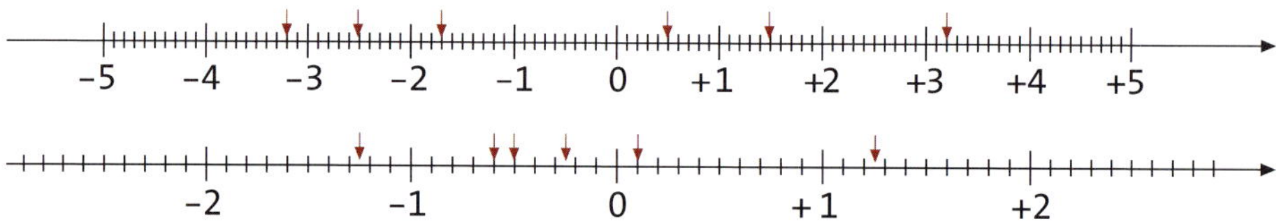

ÜBUNG 2 **Zeichne eine Zahlengerade in dein Heft und trage die folgenden Zahlen ein:**

0; +1; −2; +4,5; −4,5; −1; 0,5; −1,2; −1,7; $\frac{4}{5}$; $-\frac{9}{4}$

ÜBUNG 3 **Zu welchen Zahlenmengen gehören die folgenden Zahlen?**

Beispiel: $-2 \notin \mathbb{N}$, $-2 \in \mathbb{Z}$, $-2 \in \mathbb{Q}$, $-2 \in \mathbb{Q}^-$, $-2 \notin \mathbb{B}$.

a) −5 b) 123 c) −2,8 d) $\frac{5}{2}$ e) $-2\frac{2}{3}$ f) $0,\overline{3}$ g) $+\frac{11}{5}$

ÜBUNG 4 **Ergänze die Tabelle.**

Zahl	+3	−2	2,7	−17	0	$-\frac{2}{45}$	−0,67	$+12\frac{6}{7}$	−0,001
Gegenzahl									
Betrag									

ÜBUNG 5 **Trage die Punkte so genau wie möglich in das Koordinatensystem ein.**

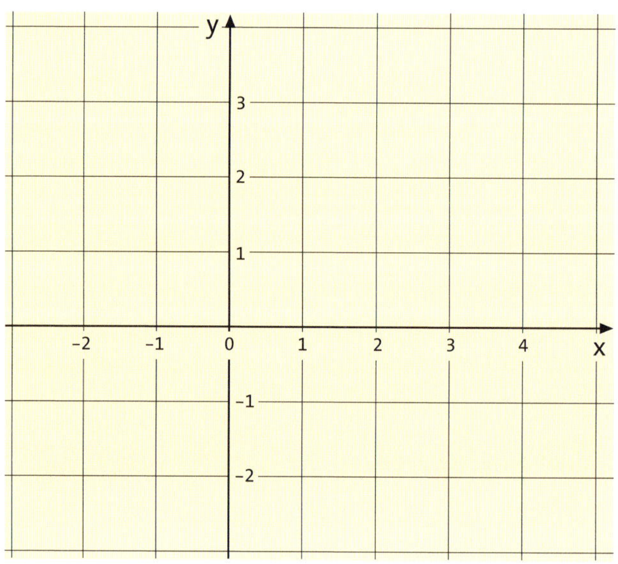

A (1|2)

B (−1|−2)

C (1|−2)

D (−2|−1)

E (0|−2,5)

F (3,5|0)

G (2,2|3,3)

H $\left(-\frac{8}{5}\middle|-2\frac{1}{4}\right)$

ÜBUNG 6 **Schreibe in dein Übungsheft.**

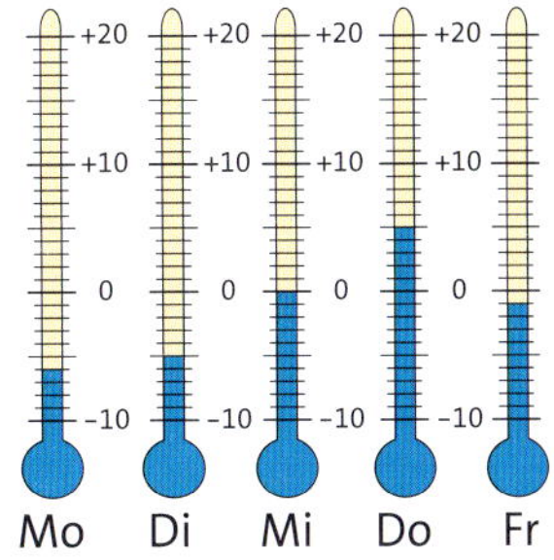

a) Lies die Temperaturen der einzelnen Wochentage ab.
b) Wann war es am kältesten, wann am wärmsten? Ordne die Temperaturangaben der Größe nach, indem du mit der kältesten beginnst. Verwende das Symbol < für „kleiner als“.
c) Gib jeweils an, um wie viel Grad sich die Temperatur von einem Tag auf den nächsten Tag verändert hat.

ÜBUNG 7 **Setze jeweils das richtige Zeichen (<, > oder =) ein.**

a) +2 ☐ +5   b) −2 ☐ −5   c) +5 ☐ −2
d) 0 ☐ −3   e) −32,2 ☐ −33,3   f) |−9| ☐ |+4|

ÜBUNG 8 **Beantworte die folgenden Fragen.**
(Tipp: Mithilfe der Zahlengeraden kannst du die Zahlen veranschaulichen.)

a) Welche natürlichen Zahlen sind kleiner als +6?
b) Welche ganze Zahl ist größer als −5, aber kleiner als −3?
c) Welche ganzen Zahlen liegen näher an der Null als −5?
d) Gibt es natürliche Zahlen, die keine ganzen Zahlen sind?
e) Gibt es ganze Zahlen, die keine natürlichen Zahlen sind?

ÜBUNG 9 **Löse die Aufgaben in deinem Übungsheft.**

a) Lukas hat auf seinem Sparkonto ein Guthaben von 37 €, Max liest auf seinem Kontoauszug: +45 €. Wer von beiden hat mehr Geld auf seinem Konto?
b) Auf Lisas Kontoauszug steht: −20 €. Was heißt das für sie?
c) Lara hat 12 € mehr Schulden als Lisa. Wie hoch ist ihr Kontostand?
d) Welchen Betrag müsste Lisa einzahlen, damit sie keine Schulden mehr hat?
e) Welchen Betrag müsste Lisa einzahlen, damit sie 45 € auf dem Konto hat?

ÜBUNG 10 **Gib jeweils eine Lösungsmenge L = {a; b; ...} an.**
Beispiel: Alle ganzen Zahlen, die kleiner als 3 und größer als −4 sind: L = {−3; −2; −1; 0; 1; 2}

a) Alle natürlichen Zahlen, die kleiner als 7 sind.
b) Alle ganzen Zahlen, deren Betrag gleich 8 ist.
c) Alle ganzen Zahlen, deren Betrag kleiner als 5 ist.
d) Alle ganzen Zahlen z, deren Betrag kleiner als 3 ist ($|z| < 3$).

ÜBUNG 11 **Gib jeweils die Zahl an, die genau in der Mitte zwischen den gegebenen Zahlen liegt.**

a) 1; 5   b) 0; −2,4   c) −9; −3   d) −4; +7   e) $-\frac{1}{4}; +\frac{3}{4}$

3.2 Rechenregeln für rationale Zahlen

Addition und Subtraktion

Addition zweier rationaler Zahlen
1. mit demselben Vorzeichen:
- addiere die Beträge;
- gib dem Ergebnis das gemeinsame Vorzeichen.

2. mit unterschiedlichen Vorzeichen:
- subtrahiere den kleineren Betrag vom größeren;
- gib dem Ergebnis das Vorzeichen der Zahl mit dem größeren Betrag.

$(+2) + (+1{,}5) = +(2 + 1{,}5) = +3{,}5$

$(-2) + (-1{,}5) = -(2 + 1{,}5) = -3{,}5$

$\left(+\frac{3}{4}\right) + \left(-\frac{1}{4}\right) = +\left(\frac{3}{4} - \frac{1}{4}\right) = +\frac{2}{4} = +\frac{1}{2}$

$\left(-\frac{3}{4}\right) + \left(+\frac{1}{4}\right) = -\left(\frac{3}{4} - \frac{1}{4}\right) = -\frac{2}{4} = -\frac{1}{2}$

Die **Subtraktion** einer Zahl von einer anderen liefert das gleiche Ergebnis wie die Addition der Gegenzahl: $a - b = a + (-b)$

$(+7{,}3) - (+0{,}2) = (+7{,}3) + (-0{,}2) = +7{,}1$

$\left(-\frac{4}{11}\right) - \left(-\frac{3}{11}\right) = \left(-\frac{4}{11}\right) + \left(+\frac{3}{11}\right) = -\frac{1}{11}$

Zur Vereinfachung dürfen Vorzeichen und Rechenzeichen zusammengefasst werden.
Vor- und Rechenzeichen gleich: +
Vor- und Rechenzeichen ungleich: –

$\mathbf{a + (+b) = a + b}$ $\quad$ $\mathbf{a + (-b) = a - b}$

$\mathbf{a - (-b) = a + b}$ $\quad$ $\mathbf{a - (+b) = a - b}$

$(-10{,}3) - (+3{,}2) = -10{,}3 - 3{,}2 = -13{,}5$

$-7 + (-3) = -7 - 3 = -10$

Multiplikation und Division

Multiplikation zweier rationaler Zahlen:
- Multipliziere die Beträge.
- Das Produkt ist positiv, wenn beide Faktoren das gleiche Vorzeichen haben.
- Das Produkt ist negativ, wenn sie unterschiedliche Vorzeichen haben.

$(-3) \cdot \left(-\frac{1}{2}\right) = +\frac{3}{2}$

$\left(-\frac{2}{3}\right) \cdot \left(+\frac{1}{2}\right) = -\frac{1}{3}$

Division zweier rationaler Zahlen:
- Dividiere die Beträge.
- Der **Quotient ist positiv,** wenn Dividend und Divisor gleiche Vorzeichen haben.
- Der **Quotient ist negativ,** wenn sie unterschiedliche Vorzeichen haben.

Achtung: Durch null darf nicht geteilt werden!

$(-6) : (-2) = +3$

$(+9) : (+0{,}3) = +30$

$(+3) : (-2) = -\frac{3}{2}$

~~$\frac{7}{3} : 0$~~ Division durch null ist nicht erlaubt!

Division einer rationalen Zahl durch eine andere bedeutet das Gleiche wie Multiplikation mit dem Kehrwert: $a : b = a \cdot \frac{1}{b}$

$-\frac{2}{5} : (+2) = -\frac{2}{5} \cdot \left(+\frac{1}{2}\right) = -\frac{\cancel{2}^{1}}{5} \cdot \frac{1}{\cancel{2}_{1}} = -\frac{1}{5}$

ÜBUNG 12 Berechne in deinem Übungsheft.

a) $-2+3$ b) $7-11$ c) $-1{,}5-(-1)$ d) $-\frac{3}{4}+\left(-\frac{1}{4}\right)$ e) $-\frac{3}{8}+\frac{1}{16}$

f) $0-3{,}2$ g) $-17+17$ h) $-3{,}9-2{,}4$ i) $0{,}3-\frac{1}{3}$ j) $-5\frac{1}{2}+0{,}25$

ÜBUNG 13 Berechne. (Tipp: Überlege zuerst, welches Vorzeichen das Ergebnis hat!)

a) $-12\cdot(-3)$ b) $2\cdot(-1{,}5)$ c) $-9:(-3)$ d) $-6\cdot\left(-\frac{1}{4}\right)$ e) $-\frac{3}{7}:\frac{1}{14}$

f) $3{,}2:(-1{,}6)$ g) $-10\cdot(-0{,}23)$ h) $-0{,}8:(-0{,}2)$ i) $0{,}46\cdot\left(-\frac{1}{2}\right)$ j) $-10\frac{1}{2}:4$

ÜBUNG 14 Forme die Terme so günstig wie möglich um und berechne das Ergebnis.
Beispiel: 13 – (+45) = 13 – 45 = – 32.

a) $167-134$ b) $-76-24$ c) $2{,}6+(-1{,}2)$

d) $\frac{1}{12}-\left(-\frac{1}{4}\right)$ e) $-1\,001{,}1-999{,}9$

WISSEN

Besondere Produkte und Quotienten
Auch für rationale Zahlen gilt:

$0\cdot a=0$ und $1\cdot a=a$ $0\cdot\frac{3}{7}=0$ und $1\cdot\frac{3}{7}=\frac{3}{7}$

$0:a=0$ und $a:1=a$ und $a:a=1$ $0:\frac{3}{7}=0$ und $\frac{3}{7}:1=\frac{3}{7}$ und $\frac{3}{7}:\frac{3}{7}=1$

ÜBUNG 15 Füge jeweils das richtige Rechenzeichen +, –, · oder : ein.

a) $1\ \square\ 9=-8$ b) $-14\ \square\ 20=6$ c) $-0{,}6\ \square\ 3=-0{,}2$ d) $\frac{3}{4}\ \square\ (-4)=-3$

ÜBUNG 16 Setze jeweils eine rationale Zahl so ein, dass eine wahre Aussage entsteht. Führe eine Probe durch! (Tipp: Stelle dir die Zahlen auf der Zahlengeraden vor.)

a) $10+\square=-8$ b) $-23+\square=-3$ c) $\square-40=-15$ d) $\square+6{,}3=-2{,}2$

e) $-\frac{3}{7}+\square=-1$ f) $\square\cdot0{,}3=0{,}6$ g) $-\frac{1}{4}+\square=-\frac{3}{4}$ h) $-2:\square=8$

i) $\square\cdot(-13)=0$ j) $-3:\square=-\frac{1}{3}$ k) $\frac{4}{5}:\square=\frac{32}{5}$ l) $-\frac{4}{5}\cdot\square=\frac{32}{15}$

ÜBEN

3.3 Rechengesetze für rationale Zahlen

Kommutativgesetz der Addition
Summanden dürfen vertauscht werden:
$a + b = b + a$

$(-3) + (-7) = (-7) + (-3) = -10$
$8{,}2 + (-1{,}2) = -1{,}2 + 8{,}2 = 7$

Kommutativgesetz der Multiplikation
Faktoren dürfen vertauscht werden:
$a \cdot b = b \cdot a$

$-3 \cdot 4 = 4 \cdot (-3) = -12$
$\frac{3}{2} \cdot \left(-\frac{1}{2}\right) = -\frac{1}{2} \cdot \frac{3}{2} = -\frac{3}{4}$

Ein **Minuszeichen** darf in einem Produkt an beliebiger Stelle stehen!

$3 \cdot (-12) \cdot 1{,}5 = -3 \cdot 12 \cdot 1{,}5$

Assoziativgesetz der Addition
Die Reihenfolge der Rechenschritte darf vertauscht werden:
$a + b + c = (a + b) + c = a + (b + c)$

$\frac{2}{3} + \left(\frac{1}{3} + 1\right) = \left(\frac{2}{3} + \frac{1}{3}\right) + 1 = 1 + 1 = 2$

Assoziativgesetz der Multiplikation
Die Reihenfolge der Rechenschritte darf vertauscht werden:
$a \cdot b \cdot c = (a \cdot b) \cdot c = a \cdot (b \cdot c)$

$\left(-\frac{1}{4} \cdot \frac{2}{3}\right) \cdot \frac{3}{2} = -\frac{1}{4} \cdot \left(\frac{2}{3} \cdot \frac{3}{2}\right) = -\frac{1}{4} \cdot 1 = -\frac{1}{4}$

Distributivgesetz der Multiplikation
Eine Summe (bzw. Differenz) kann mit einem Faktor multipliziert werden, indem man jeden einzelnen Summanden mit dem Faktor multipliziert und die entstandenen Produkte addiert (bzw. subtrahiert).
Dies nennt man **Ausmultiplizieren:**
$a \cdot (b + c) = a \cdot b + a \cdot c$
$a \cdot (b - c) = a \cdot b - a \cdot c$

Ausmultiplizieren:
$3 \cdot (9 - 40) = 3 \cdot 9 - 3 \cdot 40 = 27 - 120 = -93$

Rechenvorteile beim Kopfrechnen:
$19 \cdot (-8) = \overbrace{(20 - 1)}^{19} \cdot (-8)$
$= 20 \cdot (-8) - 1 \cdot (-8) = -160 + 8 = -152$

Die umgekehrte Richtung nennt man **Ausklammern:**
$a \cdot b + a \cdot c = a \cdot (b + c)$
$a \cdot b - a \cdot c = a \cdot (b - c)$

Ausklammern:
$-6 \cdot 13 - 6 \cdot 17 = -6 \cdot 13 + (-6) \cdot 17$
$= -6 \cdot (13 + 17) = -6 \cdot 30 = -180$

Nach dem Kommutativgesetz gelten die Regeln auch mit vertauschten Faktoren:
$a \cdot (b + c) = a \cdot b + a \cdot c = b \cdot a + c \cdot a$
$= (b + c) \cdot a$

$3{,}2 \cdot (4 + 6) = 3{,}2 \cdot 4 + 3{,}2 \cdot 6$
$= 4 \cdot 3{,}2 + 6 \cdot 3{,}2 = (4 + 6) \cdot 3{,}2$

Distributivgesetz der Division
$(a + b) : c = a : c + b : c$
$(a - b) : c = a : c - b : c$

$(66 - 12) : 3 = 66 : 3 - 12 : 3 = 22 - 4 = 18$

Auch das Distributivgesetz der Division kann dir beim Kopfrechnen helfen.

$2520 : (-12) = \overbrace{(2400 + 120)}^{2520} : (-12)$
$= 2400 : (-12) + 120 : (-12) = -200 - 10$
$= -210$

WISSEN

Rechenvorteile bei Addition und Subtraktion
Mithilfe der Rechengesetze kannst du Terme geschickt umstellen und **Rechenvorteile** nutzen.

$\frac{221}{7}+\frac{1}{3}-\frac{11}{7}$

$=\frac{1}{3}+\frac{221}{7}-\frac{11}{7}$ Kommutativgesetz (KG)

$=\frac{1}{3}+\left(\frac{221}{7}-\frac{11}{7}\right)$ Assoziativgesetz (AG)

$=\frac{1}{3}+\frac{210}{7}$

$=\frac{1}{3}+30=30+\frac{1}{3}=30\frac{1}{3}$

ÜBUNG 17 Überlege, wie du bei diesen Rechnungen am geschicktesten vorgehst. Notiere die einzelnen Schritte und die angewendeten Rechengesetze in deinem Übungsheft.
Beispiel: $27+14-7=27+14+(-7)\underset{KG}{=}27+(-7)+14=20+14=34$

a) $33+28-13$
b) $-3{,}5+12{,}7+1{,}3$
c) $-4{,}7+\frac{3}{5}-2{,}3$
d) $\frac{3}{4}-1\frac{1}{3}+\frac{1}{4}$
e) $-103+27{,}2-13$
f) $-13{,}4+3{,}1-6{,}6$
g) $\frac{4}{7}+\frac{5}{3}+\frac{10}{7}-\frac{7}{3}$
h) $99{,}01+0{,}9+0{,}09$

ÜBUNG 18 Berechne folgende Aufgaben im Kopf und nutze dabei Rechenvorteile.

a) $67+88+13$
b) $3{,}4+2{,}6-1{,}3$
c) $2{,}3-0{,}7-3{,}3$
d) $\frac{1}{2}+\frac{1}{3}+\frac{3}{2}$
e) $-\frac{3}{4}-2-\frac{1}{4}$
f) $1\frac{1}{3}-\frac{2}{5}-\frac{3}{5}$
g) $123{,}4+0{,}11-23{,}4$
h) $\frac{3}{8}+\frac{1}{2}-\frac{7}{8}$

WISSEN

Rechenvorteile bei Multiplikation und Division
Auch bei Multiplikations- und Divisionsaufgaben kannst du Terme geschickt umstellen, um **Rechenvorteile** zu nutzen.

$\frac{3}{2}\cdot\left(-\frac{1}{8}\right)\cdot 2$

$=\left(-\frac{1}{8}\right)\cdot\frac{3}{2}\cdot 2$ Kommutativgesetz (KG)

$=\left(-\frac{1}{8}\right)\cdot\left(\frac{3}{2}\cdot 2\right)$ Assoziativgesetz (AG)

$=\left(-\frac{1}{8}\right)\cdot 3$

$=-\frac{3}{8}$

ÜBUNG 19 Berechne jeweils den Wert des Terms. Nutze Rechenvorteile und notiere die einzelnen Schritte und Rechengesetze in deinem Übungsheft.

a) $2 \cdot (-13) \cdot 1{,}5$ b) $-45 \cdot 4 \cdot 0{,}25$ c) $\frac{4}{5} \cdot \left(-\frac{5}{2}\right) \cdot (-17)$ d) $0{,}25 \cdot 40 \cdot (-2{,}7)$

ÜBUNG 20 Berechne folgende Aufgaben im Kopf und nutze dabei Rechenvorteile.

a) $\frac{2}{3} \cdot \left(-\frac{1}{7}\right) \cdot \frac{3}{2}$ b) $-17 \cdot (-1{,}2) \cdot 5$ c) $\frac{4}{5} \cdot \left(-\frac{2}{3}\right) \cdot \left(-\frac{5}{4}\right)$ d) $-6 \cdot \frac{1}{5} \cdot \frac{2}{3}$

ÜBUNG 21 Berechne durch Ausmultiplizieren.

a) $-12 \cdot [30 + (-3)]$ b) $33 \cdot (-1 + 10)$ c) $-\frac{2}{5} \cdot (-5 + 10)$ d) $\left(\frac{1}{3} - 6\right) \cdot \left(-\frac{3}{2}\right)$

e) $(-0{,}25 + 0{,}\overline{3}) \cdot 3$ f) $-14 \cdot \left(\frac{2}{7} + \frac{3}{14}\right)$ g) $(33 - 27) : 3$ h) $\left(-\frac{2}{3} + \frac{2}{9}\right) : \frac{2}{3}$

ÜBUNG 22 Berechne durch Ausklammern.

a) $-18 \cdot 14 + (-18) \cdot 6$ b) $-6 \cdot 13 - 6 \cdot 7$ c) $25 \cdot 13 - 15 \cdot 25$

d) $\frac{3}{4} \cdot (-2{,}5) - \frac{3}{4} \cdot 1{,}5$ e) $-9 \cdot 17 + 23 \cdot 9$ f) $\frac{3}{2} \cdot \left(-\frac{2}{7}\right) - \frac{2}{7} \cdot 2$

g) $\frac{2}{3} \cdot \frac{4}{5} - \frac{2}{5}$ h) $5 : (-8) + 19 : (-8)$

ÜBEN

WISSEN +

Rechenvorteile durch das Distributivgesetz
Auch mithilfe des **Distributivgesetzes** kannst du Terme umformen, um Rechenvorteile zu nutzen.
Manchmal musst du genau hinsehen, um eine mögliche Rechenerleichterung zu erkennen!

Wenn du im Kopf **−17 · 11** rechnen willst, rechne **−17 · 10** und **−17 · 1** und addiere die Ergebnisse:
$\mathbf{-17} \cdot 11 = \mathbf{-17} \cdot (10 + 1) =$
$= \mathbf{-17} \cdot 10 + (\mathbf{-17}) \cdot 1 = -170 - 17 = -187$
Du kannst auch so rechnen:
$-17 \cdot \mathbf{11} = (-20 + 3) \cdot \mathbf{11} =$
$= -20 \cdot \mathbf{11} + 3 \cdot \mathbf{11} = -220 + 33 = -187$

ÜBUNG 23 Rechne möglichst geschickt, indem du immer einen der Faktoren als Summe oder als Differenz schreibst. Probiere jeweils eine zweite Möglichkeit der Zerlegung.

a) $17 \cdot 21$ b) $-14 \cdot 19$ c) $54 \cdot 20{,}5$ d) $4\frac{3}{4} \cdot (-8)$ e) $21 \cdot \left(-3\frac{5}{7}\right)$

f) $3\frac{5}{6} \cdot (-12)$ g) $(-6) \cdot 5\frac{4}{9}$ h) $7\frac{7}{8} : (-8)$ i) $-31 \cdot \frac{5}{6}$ j) $(-19) \cdot (-21)$

3.4 Berechnen von einfachen Termen

Auflösen (Weglassen) von Klammern:

- Steht ein **Pluszeichen** oder kein Vorzeichen vor der Klammer, darf man die Klammer einfach weglassen:
  $a + (b + c) = a + b + c$
- Steht ein **Minuszeichen** vor der Klammer, müssen die Vorzeichen in der Klammer geändert werden, wenn man die Klammer weglässt:
  $a - (b + c) = a - b - c$

$-2 + (3 + 4) = -2 + 3 + 4 = 5$

Die 3 hat ein ungeschriebenes positives Vorzeichen.

$0{,}3 + (-0{,}8 + 1) = 0{,}3 - 0{,}8 + 1 = 0{,}5$

$\frac{5}{8} - \left(\frac{1}{8} - \frac{1}{2}\right) = \frac{5}{8} - \frac{1}{8} + \frac{1}{2} = \frac{4}{8} + \frac{1}{2} = 1$

$-2 - (-10 + 3) = -2 + 10 - 3 = 5$

„Vorfahrtsregeln“ in Termen (↗ Kap. 1.5):

- Klammern werden zuerst berechnet. Bei geschachtelten Klammern wird die innere zuerst berechnet.
- Potenzrechnung wird vor Punkt- und Strichrechnung ausgeführt.
- Punktrechnungen (· und :) werden vor Strichrechnungen (+ und –) ausgeführt.

$12 - 2 \cdot (13 - 10)^2$
$= 12 - 2 \cdot 3^2$
$= 12 - 2 \cdot 9$
$= 12 - 18$
$= -6$

- Strich- und Punktrechnungen sind untereinander jeweils gleichrangig. Fehlen Klammern, rechnet man **von links nach rechts.**

$[(-0{,}4 - 0{,}6)^2 - 3] \cdot 2 + 2 \cdot 3 - 7$
$= [(-1)^2 - 3] \cdot 2 + 2 \cdot 3 - 7$
$= [1 - 3] \cdot 2 + 2 \cdot 3 - 7$
$= (-2) \cdot 2 + 2 \cdot 3 - 7$
$= -4 + 6 - 7 = -5$

Als **Platzhalter** für Zahlen werden **Variablen** verwendet.

Je nachdem, welche Zahl du für die Variable einsetzt, nimmt der Term verschiedene Werte an.

Belegung für x	Wert des Terms x + 3
x = 2	**2** + 3 = 5
x = –3	**–3** + 3 = 0
x = 0	**0** + 3 = 3
x = –1	**–1** + 3 = 2

Terme mit Variablen können ganz normal umgeformt bzw. **vereinfacht** werden. Es gelten die bekannten Rechen- und Vorfahrtsregeln.

Ein Apfel plus zwei Äpfel sind drei Äpfel.
$1 \cdot a + 2 \cdot a = 3 \cdot a$

Beachte: Nur gleiche Variablen dürfen zusammengefasst werden.

Vier Äpfel plus ein Apfel plus eine Birne sind fünf Äpfel plus eine Birne.
$4 \cdot \mathbf{a} + 1 \cdot \mathbf{a} + 1 \cdot \mathbf{b} = 5 \cdot \mathbf{a} + 1 \cdot \mathbf{b}$

Weiter kann man hier nicht zusammenfassen.

ÜBUNG 24 **Berechne die Terme. (Hinweis: Löse zuerst die Klammern auf.)**

a) $-17 + (18 - 6)$ b) $-16 - (14 - 13)$ c) $\frac{2}{3} - \left(\frac{1}{4} - \frac{1}{3}\right)$ d) $-(111 + 14) - 16$

e) $25 - (-1{,}5 - 2{,}7)$ f) $-\frac{4}{5} - (0{,}2 - 2)$ g) $\frac{3}{7} - \left(-\frac{11}{7} + \frac{1}{8}\right)$ h) $\left(\frac{2}{7} - \frac{12}{13}\right) - \left(\frac{2}{7} - \frac{12}{13}\right)$

ÜBUNG 25 **Welche der folgenden Terme haben den gleichen Wert? Berechne.**

a) $4 \cdot 25 + 3 \cdot 4 - 10^2$

b) $-[-4 \cdot 25 + 3 \cdot (-4) + (-10)^2]$

c) $2 + \left[\left(\frac{1}{2} + \frac{1}{4}\right) \cdot (-2) + 11\frac{1}{2}\right]$

d) $\frac{3}{8} \cdot 24 \cdot (10 - 1) - 3 \cdot 13$

e) $5 \cdot 0{,}25 - 0{,}75 \cdot (-1) - (328 - 298) : (-3)$

f) $1 - 0{,}5 \cdot [-10 + (-3) \cdot (3 - 5)^2]$

ÜBUNG 26 **a) Setze in jeden der gegebenen Terme für die Variable x nacheinander die Zahlen aus der ersten Spalte ein und berechne die Werte der Terme.**

x	$x - 2$	$-7 \cdot x$	$2 \cdot x - 3 \cdot x$	$-1 \cdot x + x$	$-11 \cdot x - x + 5$
1	$1 - 2 = -1$	$-7 \cdot 1 = -7$			
2					
-1					
$\frac{1}{2}$					
$-0{,}3$					
$-\frac{1}{3}$					
-7					
0					
0,1					

b) Vereinfache die Ausgangsterme, indem du jeweils so weit wie möglich zusammenfasst.

c) Setze nun in jeden der vereinfachten Terme nacheinander die Zahlen für die Variable ein. Was stellst du fest? Warum ist das so?

ÜBEN

ÜBUNG 27 **Felix hat hier ganz schön ungenau gerechnet. In jeder seiner Rechnungen stecken zwei Fehler. Streiche die Fehler an und berechne richtig.**

a) $3 \cdot (-2 + 6) = 3 \cdot (-4) = 12$

b) $\left(-\frac{2}{3} - \frac{1}{3}\right)^2 \cdot \frac{1}{2} + \frac{5}{2} = \left(-\frac{3}{3}\right)^2 \cdot \frac{6}{2} = -1 \cdot 3 = -3$

c) $(-2) \cdot \left(-\frac{3}{8} + \frac{7}{2}\right) - \left(1 + \frac{1}{4}\right) = \frac{3}{4} - 7 - 1 + \frac{1}{4} = 1 + 8 = 9$

d) $[11{,}3 - (-4 - 23) + 1{,}7] + \frac{3}{2} \cdot \left(\frac{4}{9} - \frac{1}{3}\right) = [13 + 27] + \frac{3}{2} \cdot \frac{3}{6} = 40 + \frac{3}{12} = 40\frac{1}{4}$

ÜBUNG 28 **Übertrage jede der Aussagen zunächst in einen Term und berechne anschließend das Ergebnis. Nutze Rechenvorteile.**

a) Subtrahiere 3 von 40 und multipliziere diese Differenz mit –12.
b) Multipliziere die Summe von $\frac{4}{5}$ und $\frac{7}{2}$ mit –30.
c) Dividiere die Summe von 1,8 und –100 durch –2.
d) Addiere die Zahl 3 zu ihrem Kehrwert und multipliziere die Summe mit der Gegenzahl von 3.

ÜBUNG 29 **„Man nehme eine beliebige Zahl (außer der Null), verdopple sie, addiere 8, multipliziere die Summe mit 4, subtrahiere 32 und teile das Ganze schließlich durch die ursprüngliche Zahl."**

a) Probiere dieses „Rechenrezept" jeweils mit einer natürlichen Zahl, einer negativen ganzen Zahl, einem positiven sowie einem negativen Bruch aus. Was stellst du fest?
b) Schreibe das „Rezept" auf, indem du für die gewählte Zahl die Variable x einsetzt. Vereinfache den Term so weit wie möglich, löse ihn auf und begründe damit das Ergebnis aus a).

ÜBUNG 30 **Luis jammert: „Meine Güte, diese vielen Rechengesetze kann ich mir nie merken!" Da meint Amelie: „Wieso? Zu den Distributivgesetzen musst du dir doch nur eine einzige Gleichung merken: $a \cdot (b + c) = a \cdot b + a \cdot c$. Alle anderen kannst du daraus mithilfe anderer Gesetze und Regeln ableiten." Diesen Tipp kannst du auch nutzen.**

a) Was musst du für x einsetzen, damit die Gleichung stimmt: $2 \cdot (6 - 3) = 2 \cdot (6 + x)$?
b) Was musst du hier für x einsetzen, wenn a, b, c beliebige rationale Zahlen sind: $a \cdot (b - c) = a \cdot (b + x)$?
c) Was musst du für x einsetzen, damit die Gleichung stimmt: $(7 + 3) : 2 = (7 + 3) \cdot x$?
d) Und allgemein: $(a + b) : c = (a + b) \cdot x$? $(c \neq 0)$

ÜBEN

3.5 Einfache Gleichungen

Zwei Terme, die durch ein Gleichheitszeichen verbunden sind, bilden eine **Gleichung.**	$2 + (-4) = 2 - 4$ $5 \cdot x = -20$
In einer Gleichung, die eine **Variable (Unbekannte)** enthält, kann man für die Variable Zahlen einsetzen. Dabei entsteht entweder eine **wahre** oder eine **falsche Aussage.** Die Menge der Zahlen, die man in die Gleichung einsetzen darf, heißt **Grundmenge G.**	$4 \cdot x = 24$ Einsetzen von $x = 3$ liefert eine *falsche Aussage:* $4 \cdot 3 = 12$ ($\neq 24$). Einsetzen von $x = 6$ liefert eine *wahre Aussage:* $4 \cdot 6 = 24$. In die Gleichung $30 : z = 3$ können alle rationalen Zahlen außer 0 eingesetzt werden, also ist $G = \mathbb{Q}\setminus\{0\}$ (Man sagt: $\mathbb{Q}$ *ohne Null*).
Die Zahlen aus der Grundmenge, welche die Gleichung beim Einsetzen zu einer wahren Aussage machen, heißen **Lösungen** dieser Gleichung. Die Menge aller Lösungen einer Gleichung heißt **Lösungsmenge L.** Wenn es zu einer Gleichung keine Zahl in der Grundmenge gibt, die diese Gleichung löst, ist die Lösungsmenge die **leere Menge:** $L = \{\ \}$ bzw. $\emptyset$	$12 \cdot a - 3 = -15$, also $L = \{-1\}$, denn $12 \cdot (-1) - 3 = -15$ ist eine wahre Aussage. Bei der Gleichung $x = x + 1$ findet man keine Zahl, durch deren Einsetzen eine wahre Aussage entsteht, denn eine Zahl kann nicht gleichzeitig um eins größer sein als sie selbst. Also ist $L = \{\ \}$ bzw. $\emptyset$.
Es gibt mehrere Möglichkeiten, die **Lösung** einer Gleichung zu bestimmen:	Für welche natürliche Zahl n gilt $3 \cdot n + 20 = 32$? $G = \mathbb{N}$
■ durch gezieltes Probieren;	$3 \cdot 2 + 20 = 26 \neq 32$ $3 \cdot 3 + 20 = 29 \neq 32$ $3 \cdot 4 + 20 = 32$ also $L = \{4\}$.
■ durch Überlegen;	n muss mit 3 multipliziert 12 ergeben, denn $12 + 20 = 32$, also muss $n = 4$ sein.
■ durch Umkehrungen (↗ nächste Seite).	$3 \cdot n + 20 = 32$, also $3 \cdot n = 32 - 20$, also $3 \cdot n = 12$, also $n = 12 : 3$ und damit $n = 4$.
Grundsätzlich solltest du anschließend eine **Probe** durchführen.	Probe: $3 \cdot 4 + 20 = 32$

ÜBUNG 31 **Löse die Gleichungen durch Überlegen und gezieltes Probieren.**

a) $x + 4 = 23$ b) $33 - x = 15$ c) $x - 89{,}2 = 0$ d) $2 \cdot x = 112$
e) $2{,}5 \cdot x = -10$ f) $x : 5 + 1 = 101$ g) $20 : x = 44 - 49$ h) $20 + x = 99 + x - 79$

ÜBUNG 32 **Stelle eine Gleichung auf und bestimme die gesuchte Zahl.**

a) Das Dreifache der gesuchten Zahl ergibt 54.
b) Das Doppelte einer Zahl ist –112.
c) Das Fünffache einer Zahl vermindert um 7 ergibt 8.
d) Wenn man 11 von dem Quadrat einer Zahl subtrahiert, erhält man 158.
e) Wenn man 1 zu einem Drittel der gesuchten Zahl addiert, erhält man –110.

ÜBUNG 33 **Farid geht mit seinem Vater in den Zoo. Die Eintrittskarte des Vaters kostet dreimal so viel wie Farids. Zusammen bezahlen sie 12 Euro.**

a) Wie viel hat Farids Eintrittskarte gekostet, wie viel die seines Vaters? Stelle eine Gleichung auf und löse sie.
b) Am nächsten Wochenende gehen sie wieder in den Zoo, dieses Mal gehen auch Farids Mutter und seine beiden Schwestern mit. Eine Familienkarte kostet 20 €. Lohnt es sich für die Familie, eine solche Karte zu kaufen?

WISSEN +

Die wichtigsten Umkehrungen auf einen Blick
Merke dir die folgenden Umkehrungen oder jeweils ein Beispiel dazu, dann fallen dir Umformungen von Gleichungen leichter.

	Gleichung	Umkehrung		Gleichung	Umkehrung
	$x + a = b$, also	**$x = b - a$**		**$x : a = b$, also**	**$x = b \cdot a$**
z. B.	$x + 7 = 9$, also	$x = 9 - 7$	z. B.	$x : 3 = 7$, also	$x = 7 \cdot 3$
	$x - a = b$, also	**$x = b + a$**		**$a : x = b$, also**	**$x = a : b$**
z. B.	$x - 4 = 3$, also	$x = 3 + 4$	z. B.	$16 : x = 2$, also	$x = 16 : 2$
	$a - x = b$, also	**$x = a - b$**		**$a \cdot x = b$, also**	**$x = b : a$**
z. B.	$25 - x = 13$, also	$x = 25 - 13$	z. B.	$3 \cdot x = 12$, also	$x = 12 : 3$

ÜBUNG 34 **Die unten abgebildete Wippe befindet sich im Gleichgewicht. (Die kleinen Vögel wiegen alle gleich viel und die großen Vögel wiegen ebenfalls alle gleich viel.)**

a) Bestimme durch geschicktes Wegstreichen das Gewicht eines kleinen Vogels im Vergleich zu dem eines großen Vogels. (Tipp: Du musst auf beiden Seiten gleich viel wegnehmen, damit die Waage im Gleichgewicht bleibt!)
b) Wie schwer ist ein kleiner Vogel, wenn ein großer Vogel 270 g wiegt?

ÜBEN

ÜBUNG 35 **Gib jeweils zuerst die Grundmenge G an und bestimme anschließend die Lösungsmenge L.**
Beispiel: Für welchen Teiler t der Zahl 12 gilt 12 : t = 4? G = {1; 2; 3; 4; 6; 12} und L = {3}, da 12 : 3 = 4.

a) Für welche natürliche Zahl n gilt $8 \cdot n + 50 = 74$?
b) Für welchen Teiler t der Zahl 30 gilt: $5 \cdot t + 25 = 50$?
c) Für welche ganze Zahl z ist die Gleichung $2 \cdot z - 16 = -77 + 107$ erfüllt?
d) Für welche Quadratzahl q gilt $12 \cdot 12 + q = 13 \cdot 13$?

ÜBUNG 36 **Aliya will mit einer Waage und Gewichten bestimmen, wie viel eine Dose wiegt. Leider sind die einzelnen Gewichte nicht beschriftet.**

a) Bestimme durch Wegstreichen, wie viele Gewichte zusammen genauso viel wiegen wie die Dose. (Tipp: Du musst auf beiden Seiten gleich viel wegnehmen, damit die Waage im Gleichgewicht bleibt!)
b) Aliyas Mutter weiß zum Glück noch, dass ein Gewicht 175 g wiegt. Wie schwer ist eine Dose demnach?
c) Übertrage das Problem in eine mathematische Gleichung, verwende die Variable d für das Gewicht einer Dose.
d) Bestimme die Lösung der Gleichung aus c) und vergleiche mit dem Ergebnis aus a). Führe eine Probe durch!
e) Wie schwer wäre eine Dose, wenn ein Gewicht 120 g schwer wäre?

ÜBUNG 37 **Paul hat zu Weihnachten ein Handy mit Vertrag bekommen. Seine monatliche Handyrechnung setzt sich zusammen aus einer Grundgebühr von 10 € sowie den Kosten für die Gesprächszeit in Höhe von 40 ct pro Minute.**

a) Wie viel muss Paul zahlen, wenn er im Monat 27 Minuten telefoniert hat?
b) Nach dem zweiten Monat muss er einen Rechnungsbetrag in Höhe von 40,40 € zahlen. Wie lange hat er dafür telefoniert?
c) Sein Bruder Jannick hat ein Handy mit einem anderen Vertrag. Er zahlt keine Grundgebühr, dafür kostet eine Gesprächsminute 50 ct. Wäre dieser Vertrag günstiger bei 76 Gesprächsminuten?
d) Jetzt will Paul vergleichen, wie lange er und sein Bruder telefonieren müssten, um genau den gleichen Rechnungsbetrag zu erzielen. Kannst du ihm bei dieser schwierigen Aufgabe helfen? Untersuche die Fälle, wenn beide entweder *gleich lang telefonieren* oder Paul *gar nicht telefoniert*! Dabei kannst du die Rechnungsbeträge durch *einen Term mit einer Variablen* berechnen. Beide Rechnungsbeträge müssen jetzt gleich sein, stelle also eine Gleichung auf. Finde die Lösung und führe eine Probe durch.

45 Minuten

KLASSENARBEIT 1

AUFGABE 1 **Ordne die Zahlen der Größe nach, verwende das Zeichen „<“.**

a) $-4{,}2;\ 0{,}25;\ -\frac{17}{4}$ b) $-101;\ -100{,}1;\ -99{,}9$ c) $|-0{,}75|;\ 0;\ -0{,}5$

AUFGABE 2 **Berechne.**

a) $(-12) + (-9)$ b) $(-39) + (+57)$ c) $(-153) - (-21)$ d) $(+4{,}7) + (-3{,}8) - (-0{,}4)$

AUFGABE 3 **Berechne.**

a) $(+18) \cdot (-3)$ b) $(-9) : (+0{,}3)$ c) $\left(-4\frac{1}{3}\right) \cdot \left(-3\frac{1}{4}\right)$ d) $0{,}7 \cdot (-20) \cdot (-0{,}5)$

AUFGABE 4 **Löse die Klammern auf und rechne vorteilhaft.**

a) $(86 - 39) + (14 - 11)$ b) $-4{,}8 + 3{,}5 - (3{,}2 - 6{,}5)$ c) $-\frac{1}{2} + \frac{3}{5} - \left(-\frac{1}{4} - \frac{1}{5}\right) - \frac{3}{8}$

AUFGABE 5 **Gib in aufzählender Schreibweise (↗ Übung 10) die Menge aller …**

a) natürlichen Zahlen an, für die gilt: $n < 10$.
b) ganzen Zahlen an, für die gilt: $|z| < 3{,}9$.

AUFGABE 6 **Berechne durch Ausmultiplizieren und Ausklammern.**

a) $(-12) \cdot [(-5) + (-12)]$
b) $-15 \cdot 14 + 6 \cdot (-15)$

AUFGABE 7 **Füge in den Zahlen –315 und –3,15 zwischen die beiden Ziffern 1 und 5 …**

a) jeweils die Ziffer 0 ein.
b) jeweils die Ziffer 9 ein.
Sind die neuen Zahlen größer oder kleiner als die gegebenen Zahlen?

AUFGABE 8 **Löse folgende Gleichungen.**

a) $9 \cdot x + 13 = 76$ b) $-112 + 11 \cdot x = x + 8$ c) $7 \cdot (x - 5) = 91$ d) $3 \cdot (6 - x) = 0$

AUFGABE 9 **Ein Aufzug in einem Hochhaus mit mehreren Kellergeschossen befindet sich im 3. Obergeschoss. (Das Erdgeschoss zählt als 0. Etage.) Der Aufzug fährt nun 4 Stockwerke nach oben, dann 9 nach unten, anschließend 7 nach oben, dann wieder 6 nach unten.**

a) In welchem Stockwerk befindet sich der Aufzug nun?
b) Eine Frau steigt ein, sie möchte in das 4. Kellergeschoss. Wie viele Stockwerke muss sie dazu nach unten fahren?

KLASSENARBEIT 2

45 Minuten

AUFGABE 10 **Berechne.**

a) $+8-(+57)$

b) $-41{,}5-(-42{,}6)$

c) $7\frac{5}{9}-4\frac{23}{36}$

d) $567{,}8-576$

e) $-\frac{3}{7}-\left(+\frac{4}{35}\right)$

f) $|+15{,}3|-|-103{,}5|$

AUFGABE 11 **Wie lautet die Regel zur Addition zweier rationaler Zahlen mit *gleichen* Vorzeichen?**

AUFGABE 12 **Gib in aufzählender Schreibweise die Menge aller ganzen Zahlen $z \in \mathbb{Z}$ an, für die gilt: $|z| < 4{,}9$.**

AUFGABE 13 **Zu welcher Zahl muss man −73 addieren, um +23 zu erhalten? Formuliere eine Gleichung, verwende x als Platzhalter für die gesuchte Zahl. Berechne x.**

AUFGABE 14 **Berechne …**

a) möglichst geschickt: $25-[(-37+45)-(93+107)]$.

b) durch Ausmultiplizieren: $\left(-\frac{3}{8}+\frac{5}{12}\right)\cdot(-24)$.

c) durch Ausklammern: $(-13)\cdot 57-143\cdot 13$.

TESTEN

AUFGABE 15 **Berechne und nutze dabei Rechenvorteile.**

a) $(81-39)-(14-11)$

b) $18\cdot(-3)$

AUFGABE 16 **Lukas, Robin und Julia holen zum Monatsanfang ihre Kontoauszüge von der Bank. Stelle zu jeder Teilaufgabe zunächst einen Term bzw. eine Gleichung auf, berechne diesen bzw. diese anschließend und beantworte die Frage.**

a) Lukas hat auf seinem Bankkonto 134 € Schulden und hebt noch einmal 21,50 € ab. Wie lautet sein neuer Kontostand?

b) Robin hat 33,30 € Schulden und zahlt 53 € ein. Wie lautet sein neuer Kontostand?

c) Julia hebt 150 € von ihrem Konto ab. Ihr neuer Kontostand lautet nun −23 €. Wie viel Geld hatte sie vorher auf dem Konto?

45 Minuten

KLASSENARBEIT 3

AUFGABE 17 **Ordne die Zahlen der Größe nach mit Hilfe des Symbols „<“.**

a) $-4{,}01; -4{,}1; -4{,}2$

b) $-\frac{3}{4}; -\frac{11}{20}; \frac{1}{4}$

c) $|-0{,}75|; -\frac{3}{4}$

d) $-3{,}7; -\frac{11}{3}$

AUFGABE 18 **Welche Aufgabe passt zu folgendem Satz? Kreuze an.**

Berechne das Produkt aus der Summe und der Differenz der Zahlen 20 und –50.

- ☐ $20 \cdot (-50) + [20 - (-50)]$
- ☐ $[20 + (-50)] - [20 \cdot (-50)]$
- ☐ $[20 + (-50)] : [20 - (-50)]$
- ☐ $[20 + (-50)] \cdot [20 - (-50)]$
- ☐ $20 \cdot (-50) + 20 : (-50)$
- ☐ $20 + (-50) + 20 - (-50)$

AUFGABE 19 **Welche Zahl liegt genau in der Mitte zwischen $-\frac{1}{6}$ und $\frac{1}{2}$?**

AUFGABE 20 **Berechne die Terme und nutze dabei Rechenvorteile.**

a) $-1{,}8 + 3{,}5 - (3{,}2 - 6{,}5)$

b) $-\frac{1}{2} + \frac{3}{5} - \left(\frac{1}{4} + \frac{4}{15}\right)$

c) $\left(-4\frac{1}{3}\right) \cdot \left(-3\frac{1}{4}\right)$

d) $0{,}7 \cdot (-20) \cdot (-0{,}5)$

AUFGABE 21 **Mit welcher Zahl muss man $-3\frac{1}{4}$ multiplizieren, um +1 zu erhalten? Verwende x als Platzhalter für die gesuchte Zahl und berechne x.**

AUFGABE 22 **Löse folgende Gleichungen.**

a) $x - 13 = -27 + 2 \cdot x$

b) $2 \cdot (x - 5) + 121 = 43 + x$

c) $\frac{4}{3}(x - 2) = 16 - x$

TESTEN

4 Anwendungs- und Sachaufgaben

4.1 Terme und Gleichungen

Äquivalenzumformungen

Eine **Gleichung** liefert eine wahre Aussage, wenn auf beiden Seiten „gleich viel“ steht (wie bei einer Waage im Gleichgewicht). Man darf eine Gleichung in eine andere umformen, wenn Grundmenge und Lösungsmenge gleich bleiben. Solche Umformungen heißen **Äquivalenzumformungen.** Geschicktes Umformen einer Gleichung führt meist dazu, dass man die Lösung direkt ablesen kann.

Äquivalenzumformungen sind:

- Addieren oder Subtrahieren der gleichen Zahl (oder des gleichen Terms) **auf beiden Seiten** der Gleichung
- Multiplizieren oder Dividieren **beider Seiten** der Gleichung mit einer von 0 verschiedenen Zahl (oder einem von 0 verschiedenen Term)

$3 \cdot x + 10 = 37$

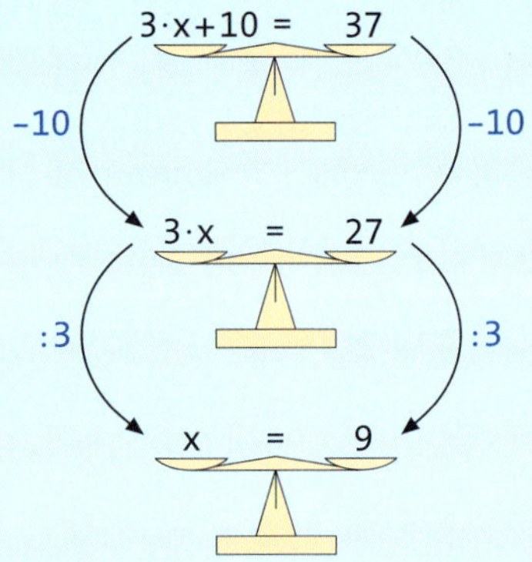

Die gesuchte Zahl ist also 9.

Probe: $3 \cdot 9 + 10 = 27 + 10 = 37$
also $L = \{9\}$

Lösen von Sachaufgaben

Stelle einen **Term** bzw. eine **Gleichung mit Variablen** (↗ Kap. 3.4) auf und bestimme die Lösungsmenge:

- Notiere alle Angaben aus der Aufgabenstellung, d. h. alle Größen und ihre Beziehung zueinander, und stelle fest, was gesucht wird.
- Fasse die Terme geschickt zusammen, bringe durch Äquivalenzumformungen die Variable auf die linke Seite des Gleichheitszeichens und die Zahlen auf die rechte Seite des Gleichheitszeichens.

Hinweis:
Statt $3 \cdot x$ kannst du schreiben: 3x.

Hannah, Laura und Tim sind zusammen 44 Jahre alt. Hannah ist 14 Jahre alt, Laura ist 1,5-mal so alt wie Tim. Wie alt sind Laura und Tim?

x = Alter von Tim
$1{,}5 \cdot x$ = Alter von Laura
$14 + 1{,}5 \cdot x + x = 44$
$14 + 2{,}5 \cdot x = 44 \quad | -14$
$2{,}5 \cdot x = 30 \quad | : 2{,}5$
$x = 12$

hinter dem Strich notierst du, welche Umformung du ausführen willst
auf beiden Seiten 14 abziehen
auf beiden Seiten durch 2,5 teilen

Also ist Tim 12 Jahre alt,
dann ist Laura $1{,}5 \cdot 12 = 18$ Jahre alt.
Probe: $14 + 18 + 12 = 44$

ÜBUNG 1 **Auf dem Bild siehst du eine Waage, in deren Waagschalen große und kleine Dosen gestapelt sind. Eine kleine Dose wiegt 100 g.**

a) Bestimme durch geschicktes Wegstreichen das Gewicht einer großen Dose.
b) Stelle nun eine passende Gleichung auf, mit der du das Gewicht einer großen Dose berechnen kannst.
c) Bestimme (durch Äquivalenzumformungen) die Lösung der Gleichung und führe eine Probe durch.
d) Wie schwer wäre eine große Dose, wenn eine kleine Dose 150 g wiegen würde?

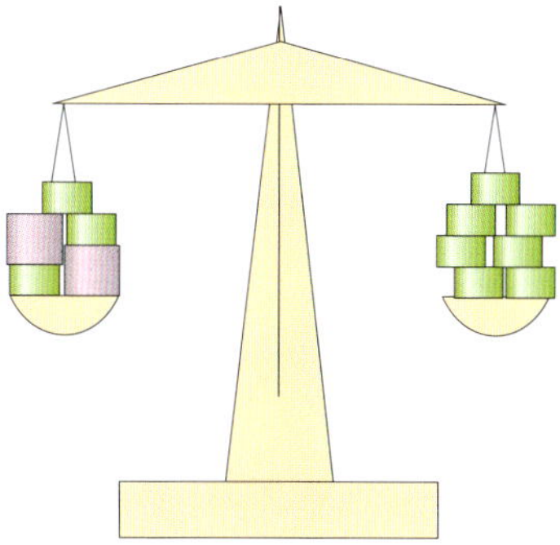

ÜBUNG 2 **Notiere jeweils rechts neben der Gleichung (hinter dem Strich |), welche Umformung auf der linken Seite durchgeführt wurde.**

a) $5 \cdot x + 12 = 27 \mid -12$
$5 \cdot x = 15 \mid$
$x =$

b) $-9 \cdot x - 18{,}2 = 13{,}3 \mid$
$-9 \cdot x = \quad \mid$
$x =$

c) $\frac{3}{2} \cdot x - \frac{1}{4} = 11\frac{3}{4} \mid$
$\frac{3}{2} \cdot x = \quad \mid$
$3 \cdot x = \quad \mid$
$x =$

d) $-2x - 4x + 17 = x - 4 \mid$
$-6x = \quad \mid$
$-7x = \quad \mid$
$x =$

ÜBUNG 3 **Löse folgende Gleichungen durch Äquivalenzumformungen, führe anschließend eine Probe durch. Schreibe in dein Übungsheft.**

a) $2x + 25 = 47$
b) $29{,}2 - 2x = 21 - 5{,}3$
c) $\frac{4}{7}a + \frac{2}{7}a - 1 = 23$
d) $256 - 19y = 123$
e) $4 \cdot (u - 3{,}25) = u + 112$
f) $777 - \frac{m}{88} = 688$

ÜBUNG 4 **Eine Firma stellt Leuchtbuchstaben her.**

a) Wie viele Leuchtstäbe s werden zur Herstellung des rechts gezeigten Buchstabens L benötigt?
b) Schreibe – wie gezeigt – an den Buchstaben, wie viele Leuchtstäbe pro Seite benötigt werden.
c) Gib als Term mit der Variablen s an, wie viele Leuchtstäbe insgesamt benötigt werden – nutze die Ergebnisse aus b)!
d) Welchen Umfang hat ein solcher Buchstabe, wenn ein Leuchtstab 10 cm (20 cm, 14 cm) lang ist?

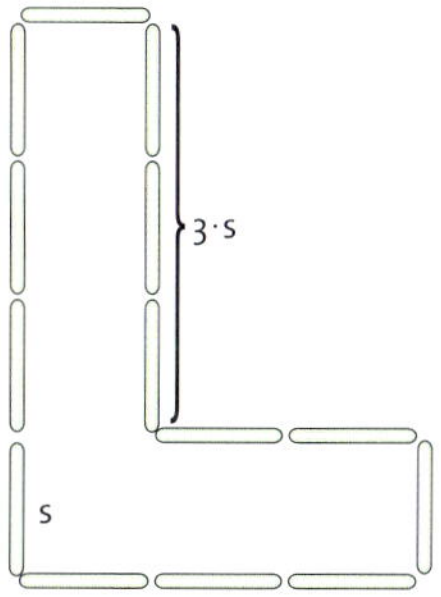

ÜBEN

Anwendungs- und Sachaufgaben

ÜBUNG 5 **Dieselbe Firma wie in Übung 4 soll nun den rechts gezeigten Buchstaben T anfertigen. Die Länge der Leuchtstäbe steht noch nicht fest, es ist lediglich bekannt, dass der Querbalken 10 cm dick sein muss (siehe Skizze).**

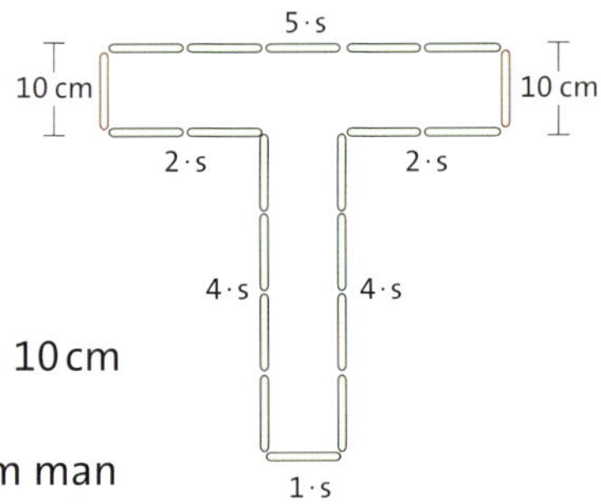

a) Welchen Umfang hat der Buchstabe, wenn s = 10 cm (20 cm) ist?
b) Gib einen Term mit der Variablen s an, mit dem man für verschiedene Längen von s den Umfang schnell berechnen kann.
c) Berechne mit dem Term aus b) den Umfang für s = 14 cm.

ÜBUNG 6 **Lena lässt sich Wasser für ein Bad ein. In die Badewanne passen 270 Liter.**

a) Wie lange dauert es, bis die Wanne voll ist, wenn pro Minute 15 Liter aus dem Wasserhahn kommen?
b) Leider hat sie den Abfluss nicht richtig verschlossen, sodass während des Füllens insgesamt 3 Liter abfließen. Wie lange dauert es, bis die Wanne voll ist?

ÜBEN

ÜBUNG 7 **Ein Markthändler kauft bei einem Bauern 600 Eier zum Preis von 8 ct pro Ei. Er muss 12 € Standgebühr bezahlen. Welchen Preis muss er pro Ei verlangen, um ...**

a) seine Ausgaben ohne Gewinn zu decken?
b) einen Gewinn von 12 € zu erwirtschaften?
c) Beim Auspacken merkt er, dass während des Transports 120 Eier kaputtgegangen sind. Wie muss er den Preis nun ansetzen, um 12 € Gewinn zu machen?

ÜBUNG 8 **Gegeben ist die Gleichung $3 \cdot (4 + x) = 14 + 3x - 2$.**

a) Setze verschiedene Zahlen aus $\mathbb{Q}$ für x ein. Was stellst du fest?
b) Überlege dir, wann eine Zahl eine Lösung einer Gleichung ist (↗ Kap. 3.5). Was kannst du also über die Zahlen sagen, die du eingesetzt hast?
c) Vereinfache beide Seiten der Gleichung so weit wie möglich. Was stellst du fest?

ÜBUNG 9 **Finde heraus, welche Zahl man für x einsetzen muss, um eine wahre Aussage zu erhalten. Schreibe jeweils rechts neben die Gleichung, welche Umformung auf beiden Seiten durchgeführt wurde, um die Gleichung der nächsten Zeile zu erhalten.**

a) $21 + 5 \cdot x = 56 \;|$ ___
$5 \cdot x = 35 \;|$ ___
$x = 7$
$21 + 5 \cdot 7 = 56$

b) $4 \cdot x - 13 = -1 \;|$ ___
___ | ___
___

WISSEN

Äquivalente Terme und Lösungsmengen
Nehmen **zwei Terme** immer denselben Wert an, egal welche Zahl (aus der Grundmenge) man einsetzt, so sind sie **äquivalent** (lateinisch: gleichwertig).

x	3 · x − 9		3 · (x − 3)	
0	3 · 0 − 9 =	−9	3 · (0 − 3) =	−9
1	3 · 1 − 9 =	−6	3 · (1 − 3) =	−6
−2	3 · (−2) − 9 =	−15	3 · (−2 − 3) =	−15
12	3 · 12 − 9 =	27	3 · (12 − 3) =	27

Wendet man die Rechengesetze bei der Termumformung richtig an, so erhält man immer einen äquivalenten Term.

$3 \cdot x - 9 = 3 \cdot (x - 3)$
Diese Terme sind nach dem Distributivgesetz äquivalent.

Wenn eine **Gleichung** für jede beliebige Zahl aus der Grundmenge eine wahre Aussage liefert, nennt man sie **allgemeingültig.** Ist die Grundmenge einer solchen Gleichung $\mathbb{Q}$, so ist die Lösungsmenge ebenfalls $\mathbb{Q}$. Äquivalenzumformungen führen zu einer wahren Aussage, bei der die Variable keine Rolle mehr spielt.

$5 \cdot x - 11 = 5 \cdot (x + 2) - 21$
$5 \cdot x - 11 = 5 \cdot x + 10 - 21 \quad | -5x$
$-11 = -11$ ist eine wahre Aussage;
also: $L = \mathbb{Q}$.

Eine Gleichung, die für keine Zahl aus der Grundmenge eine wahre Aussage liefert, heißt **nicht lösbar (nicht erfüllbar).** Äquivalenzumformungen einer solchen Gleichung führen zu einer falschen Aussage. Die Lösungsmenge ist die leere Menge.

$2x - 7 = 2x + 2 \quad | -2x$
$-7 = 2$ ist eine falsche Aussage;
also: $L = \{\ \}$ bzw. $L = \emptyset$.

ÜBEN

ÜBUNG 10 **Bestimme die Lösungsmengen (Grundmenge = $\mathbb{Q}$) der folgenden Gleichungen.**

a) $2x + 25 = -\frac{1}{2} \cdot (5 - 4x)$ b) $2x + 25 = -\frac{1}{2} \cdot (5 + 4x)$ c) $2x + 25 = \frac{1}{2} \cdot (50 + 4x)$

ÜBUNG 11 **Sarah surft gerne im Internet. Sie hat einen Vertrag abgeschlossen, bei dem zu einer monatlichen Grundgebühr in Höhe von 5,50 € Verbindungskosten in Höhe von 6 ct pro Minute kommen.**

a) Wie viel muss Sarah zahlen, wenn sie 4 Stunden und 44 Minuten im Internet war?
b) Im folgenden Monat zahlt sie 31,30 €. Wie lange war sie im Internet?
c) Moritz hat einen Vertrag, bei dem er pauschal 35 € im Monat zahlt – egal, wie lange er im Internet ist. Im ersten Monat waren es 6 Stunden und 40 Minuten, im zweiten Monat 4 Stunden und 30 Minuten. Lohnt sich dieser Vertrag oder wäre Sarahs Vertrag besser geeignet?

4.2 Zuordnungen und Häufigkeiten

Beim Sammeln und Erfassen von **Daten** verwendet man häufig **Strichlisten.**

Bei der Wahl des Klassensprechers wurde zunächst eine Strichliste geführt, anschließend wurden die Striche gezählt.

In einer **Tabelle** können die Daten übersichtlich angeordnet werden.

Kandidat	Strichliste	Anzahl
Niklas	|||	3
Lea	𝍸 𝍸 ||	12
Philipp	𝍸	5

Bei einer **Zuordnung** wird ein Wert einem anderen Wert zugeordnet. Eine solche Zuordnung ist **eindeutig,** wenn jedem Wert nur *ein* Wert zugeordnet ist.

Jedem *Kandidaten* wird die *Anzahl* der für ihn abgegebenen Stimmen zugeordnet. Dem Kandidaten Niklas ist nur die Anzahl 3 zugeordnet. Wären ihm zwei Anzahlen zugeordnet – welche wäre die richtige? Die Wahl wäre ungültig.

Durch einen **Zuordnungspfeil** werden die einander zugeordneten Werte (die Wertepaare) gekennzeichnet.

Kandidat	→	Anzahl der Stimmen
Niklas	→	3
Lea	→	12
Philipp	→	5

Die *konkrete Anzahl,* die einer bestimmten Größe zugeordnet ist, heißt **absolute Häufigkeit.** Die **relative Häufigkeit** gibt den *Anteil* einer Anzahl am Ganzen an. Man bestimmt die relative Häufigkeit, indem man die absolute Häufigkeit durch die Summe aller Werte dividiert. Relative Häufigkeiten werden meist in Prozent (↗ Kap. 2.2 und 4.4) angegeben, damit sie besser verglichen werden können.

Die *absolute Häufigkeit* der für Niklas abgegebenen Stimmen ist 3.

Die *relative Häufigkeit* ist $\frac{3}{\mathbf{20}}$, da insgesamt **20** Stimmen abgegeben wurden und 3 davon auf Niklas entfielen.

$\frac{3}{20} = \frac{15}{100} = 15\,\%$, d. h., Niklas erhielt 15 % der abgegebenen Stimmen.

Den **Mittelwert (Durchschnitt)** einer Menge von Zahlen berechnet man meist durch das **arithmetische Mittel:** Man addiert alle Zahlen und teilt sie durch die Anzahl aller Zahlen.

Der Mittelwert der Stimmen pro Kandidat ist $\frac{3 + 12 + 5}{3} = \frac{20}{3} = 6\frac{2}{3} = 6{,}\overline{6}$, d. h., sie erhielten im Durchschnitt $6{,}\overline{6}$ Stimmen.

Der Mittelwert der Zahlen 10 und 13 ist $\frac{10 + 13}{2} = \frac{23}{2} = 11{,}5$, d. h., die Zahl 11,5 liegt in der Mitte zwischen 10 und 13.

ÜBUNG 12 **Die Mengen A und B enthalten natürliche Zahlen. Jeder Zahl aus der Menge A soll in der Menge B ihr Vorgänger zugeordnet werden. Verbinde die jeweilige Zahl mit der ihr zugeordneten durch einen Pfeil und ergänze die fehlende Zahl in der Menge B.**

A: 10 000, 1 000, 9 910, 9 010, 1 001

B: 1 000, 9 009, ______, 999, 9 999

ÜBUNG 13 **Bearbeite die unten stehende Tabelle.**

a) Erkläre anhand der Tabelle mit eigenen Worten, welche Umfrage durchgeführt wurde. Welche Größen werden einander zugeordnet?
b) Ergänze die leeren Felder in der 2. und 3. Spalte der Tabelle.
c) Wie lautet der Fachbegriff für die Angaben in der 3. Spalte?
d) Welche Augenfarbe kommt am häufigsten vor? Welche am seltensten?
e) Ergänze die leeren Felder in der 4. Spalte.
f) Gib die relativen Häufigkeiten in der 4. Spalte als Prozentsatz an. Wie viel Prozent der Befragten haben grüne Augen?

Augenfarbe	Strichliste	Anzahl	Relative Häufigkeit
Blau	𝍸 |||		
Grün		3	
Braun	𝍸 ||||		

ÜBUNG 14 **Bearbeite die folgenden Aufgaben.**

a) Ordne jeder Zahl aus der ersten Zeile in der zweiten Zeile ihre Quadratzahl zu.
b) Berechne anschließend in der letzten Spalte den Mittelwert der Zahlen der ersten Zeile und den Mittelwert der Zahlen der zweiten Zeile.

1	2	3	5	9	10	
	4					

ÜBUNG 15 **Berechne …**

a) das arithmetische Mittel der Zahlen $\frac{1}{3}, \frac{1}{4}, \frac{1}{2}$.

b) den Mittelwert von –6 und –2. Trage alle drei Zahlen auf einer Zahlengeraden ein. Was stellst du fest?
c) die Zahl, die genau in der Mitte zwischen $-\frac{1}{2}$ und $+\frac{1}{6}$ liegt.

WISSEN

Eine Vierfeldertafel erstellen und auswerten
Eine **Vierfeldertafel** ist eine Tabelle, in der absolute Häufigkeiten aus Erhebungen eingetragen werden.

Die Angaben aus dem Text oben rechts findest du in der Vierfeldertafel wieder **(schwarze Werte)**.

Die Summe der Werte der einzelnen Felder steht unter den Spalten bzw. neben den Zeilen. Die blauen Einträge und die übrigen Felder können schrittweise ergänzt werden.

Von 320 Schülern haben 250 zu Hause einen eigenen PC, 130 einen eigenen Fernseher (kurz: TV), während 40 weder einen Fernseher noch einen eigenen PC besitzen. Wie viele Schüler haben einen eigenen PC, aber keinen Fernseher?

	PC	kein PC	Summe
TV			130
kein TV	150	40	190
Summe	250	70	320

250 von 320 haben einen PC, also haben 320 – 250 = 70 keinen PC.
130 von 320 haben ein TV-Gerät, also haben
320 – 130 = 190 kein TV-Gerät.
40 haben keinen PC und kein TV, insgesamt haben 190 kein TV, also haben
190 – 40 = 150 einen PC, aber kein TV.

ÜBEN

ÜBUNG 16 **Ergänze die beiden leeren Felder der Vierfeldertafel oben und beantworte damit die Frage, wie viele Schüler sowohl einen Fernseher als auch einen PC haben.**

ÜBUNG 17 **Die Pfadfinder haben ein internationales Treffen organisiert. 100 Pfadfinder nehmen daran teil. 85 Teilnehmer sprechen Deutsch, 72 sprechen Englisch, 8 sprechen weder Deutsch noch Englisch.**

	Deutsch	kein Deutsch	Summe
Englisch			
kein Englisch			
Summe			

a) Trage die Angaben in die Vierfeldertafel ein; ergänze die leeren Felder.
b) Wie viele Teilnehmer sprechen weder Deutsch noch Englisch?
c) Wie viele Pfadfinder sprechen kein Deutsch?
d) Wie viele sprechen Englisch, aber kein Deutsch?
e) Erläutere mithilfe dieser Ergebnisse das Säulendiagramm.

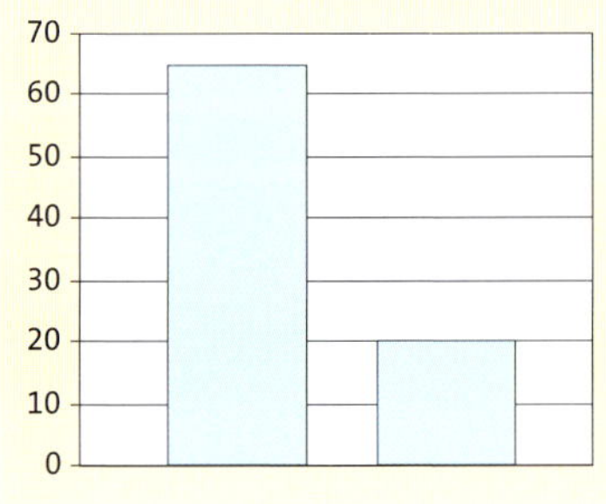

4.3 Dreisatzrechnung

Viele Aufgabenstellungen aus dem Alltag werden mithilfe der **Dreisatzrechnung** gelöst.
Es geht um direkt proportionale oder indirekt proportionale **Zuordnungen** von Größen.

Je mehr Brötchen gekauft werden, *desto mehr* muss bezahlt werden.

Je mehr Arbeiter sich eine Arbeit teilen, *desto kürzer* ist die Zeit, die sie benötigen.

Direkt proportionale Zuordnung

Hier wird zugeordnet:

der 1. Größe A → die 2. Größe B
dem Doppelten → das Doppelte
dem Fünffachen → das Fünffache
Je mehr → **desto mehr**

Eine CD kostet 11 €, drei CDs kosten 33 €.
Je mehr CDs gekauft werden, *desto mehr* Geld muss bezahlt werden.
Ein Kasten wiegt 850 g, vier Kästen wiegen 3,4 kg.
Je mehr Kästen, *desto mehr* Gewicht.

Gesucht ist x: **a → x**
Bekannt ist: A → B

:A ( ) :A
$1 \rightarrow \frac{B}{A}$
·a ( ) ·a
$a \rightarrow \frac{B}{A} \cdot a$

4 Brötchen kosten 1 €, wie viel kosten 7 Brötchen?

7 Brötchen → x €
4 Brötchen → 1 €
:4 ( ) :4
1 Brötchen → $\frac{1}{4}$ €
·7 ( ) ·7
7 Brötchen → $\frac{7}{4}$ € = 1,75 €

Indirekt (umgekehrt) proportionale Zuordnung

Hier wird zugeordnet:

der 1. Größe A → die 2. Größe B
dem Doppelten → die Hälfte
dem Fünffachen → das Fünftel
Je mehr → **desto weniger**

Eine Maschine schafft eine Arbeit in einer Stunde, zwei Maschinen benötigen für dieselbe Arbeit nur eine halbe Stunde.
Je mehr Maschinen zur Verfügung stehen, *desto weniger* Zeit wird für eine bestimmte Arbeit benötigt.

Gesucht ist x: **a → x**
Bekannt ist: A → B

:A ( ) ·A
$1 \rightarrow A \cdot B$
·a ( ) :a
$a \rightarrow \frac{A \cdot B}{a}$

Zwei Maler benötigen für den Anstrich einer Wand 6 Stunden, wie lange brauchen drei Maler?

3 Maler → x Stunden
2 Maler → 6 Stunden
:2 ( ) ·2
1 Maler → 12 Stunden
·3 ( ) :3
3 Maler → 4 Stunden

WISSEN

Anwendungs- und Sachaufgaben

ÜBUNG 18 **Entscheide jeweils, ob es sich um eine direkt proportionale Zuordnung (D) oder um eine indirekt proportionale Zuordnung (I) handelt.**
(Tipp: Überlege dir, was mit der zweiten Größe geschieht, wenn du die erste z. B. verdoppelst: Verdoppelt sie sich auch oder halbiert sie sich?
– Wenn ich statt 4 Brötchen 8 nehme, wird der Preis doppelt so hoch.
– Wenn statt 2 nun 4 Maler am Werk sind, brauchen sie nur halb so lang.)

	D	I
a) Sophie will für ihre Party Luftballons kaufen. 50 Stück kosten 2,50 €; sie benötigt insgesamt 150. Wie viel muss sie bezahlen?	☐	☐
b) Marvin muss sein Mofa auftanken. Drei Liter haben letztes Mal 4,95 € gekostet. Wie viel muss er für fünf Liter bezahlen, wenn der Benzinpreis gleich geblieben ist?	☐	☐
c) Amed fährt mit dem Rad zur Schule. Wenn er 20 km/h schnell fährt, braucht er 10 Minuten. Heute hat er verschlafen und muss sich deshalb beeilen, er fährt mit 25 km/h. Wie lange braucht er für die Strecke?	☐	☐
d) Zwei Maler benötigen für den Anstrich einer Wand 6 Stunden. Wie lange brauchen drei Maler?	☐	☐
e) Vier Brötchen kosten 1 €, wie viel kosten sieben Brötchen?	☐	☐
f) Die Katze Maggie frisst normalerweise 1,5 Schälchen Katzenfutter am Tag. Ihr Herrchen hat genug für 6 Tage eingekauft. Da sie sich aber einen Winterspeck anfuttert, braucht sie momentan 2 Schälchen am Tag. Wie lange reicht das Katzenfutter nun?	☐	☐

ÜBUNG 19 **Berechne die Beispiele aus Übung 18.**

a) Schreibe neben die Zuordnungen, was jeweils gerechnet wird:

150 Luftballons →	**x €**	
50 Luftballons →	2,50 €	:50
1 Luftballon →	0,05 €	
150 Luftballons →	7,50 €	

b) Berechne nun, wie viel Marvin für 5 Liter Benzin bezahlt:

5 Liter →	**x €**
3 Liter →	€
Liter →	€
Liter →	€

c) Schreibe neben die Zuordnungen, was jeweils gerechnet wird:

25 km/h →	**x Minuten**
20 km/h →	10 Minuten
1 km/h →	200 Minuten
25 km/h →	8 Minuten

d) Berechne, wie lange drei Maler für den Anstrich einer Wand brauchen:

3 Maler →	**x h**
Maler →	h
Maler →	h
Maler →	h

Berechne nun e) und f) selbstständig in deinem Übungsheft.

WISSEN

Clever rechnen

Du musst nicht immer nach dem Dreisatzschema vorgehen, manchmal kannst du eine **clevere Abkürzung benutzen.** In Aufgabe 19 a) kannst du den Preis für 50 Luftballons beispielsweise einfach mit 3 multiplizieren und bekommst so den Preis für 150 Luftballons!

ÜBUNG 20 **Jana muss mit ihrem Mofa zum Tanken fahren. Für 9,60 € hat sie letztes Mal 6 Liter bekommen. Jetzt kostet ein Liter Benzin 1,65 €. Wie viel muss sie nun für 6 Liter bezahlen?**

ÜBUNG 21 **Katharina schreibt als freie Mitarbeiterin für die Lokalzeitung, ihr Honorar wird nach Anzahl der Zeilen berechnet. Für ihren letzten Bericht über die Aufführung der Theater-AG ihrer Schule mit 95 Zeilen erhielt sie 20,90 €.**

a) Welches Honorar bekommt Katharina für den Artikel über das Sommerfest im Tierheim, über das sie 75 Zeilen schreibt?
b) Für den Bericht über die Jahreshauptversammlung des Hallen-Halma-Vereins erhielt Katharina 12,10 €. Wie lang war der Bericht?
c) Zu Beginn ihrer journalistischen Karriere bekam Katharina für einen 40-zeiligen Artikel ein Honorar von 6,80 €. Wie viel hätte sie damals für den Artikel über die Jahreshauptversammlung bekommen?

ÜBUNG 22 **Familie Rau ist im letzten Jahr noch mit dem alten Auto in den Urlaub gefahren. Bei einer Durchschnittsgeschwindigkeit von 63 km/h dauerte die Fahrt 15 Stunden.**

a) Mit ihrem neuen Wagen erreichten sie auf ihrer Urlaubsfahrt eine Durchschnittsgeschwindigkeit von 70 km/h. Wie lange dauerte die Fahrt diesmal?
b) Der Rückweg dauerte nur 12,5 Stunden. Berechne die durchschnittliche Geschwindigkeit der Heimreise.

ÜBEN

ÜBUNG 23 **Herr Schrödinger fährt für eine Woche in Urlaub. Freundlicherweise hat sich sein Nachbar Herr Dirac bereit erklärt, Schrödingers Katze zu füttern. Schrödinger weiß, dass seine Katze an zwei Tagen drei Dosen Katzenfutter frisst. Wie viele Dosen müssen vorhanden sein, damit Schrödingers Katze optimal versorgt ist?**

ÜBUNG 24 **Die Pfadfinder haben für ihr Zeltlager genügend Proviant eingekauft. Für 24 Teilnehmer würden die Vorräte 15 Tage lang reichen.**

a) Kurzfristig haben sich 6 weitere Pfadfinder angemeldet. Wie lange reichen die Vorräte nun?
b) Wie viele Pfadfinder dürften höchstens mitfahren, wenn der eingekaufte Proviant 20 Tage reichen soll?

ÜBUNG 25 **Der neue Geländewagen von Herrn Müller verbraucht im Straßenverkehr durchschnittlich 10,5 Liter pro 100 km. Mit einer Tankfüllung schafft er damit 546 km. Nun fährt Herr Müller ins Gelände, dort steigert sich der Verbrauch auf 13 Liter pro 100 km. Wie weit käme er bei diesem Verbrauch mit einer Tankfüllung?**

ÜBEN

WISSEN +

Nicht alle Zuordnungen sind proportional!
Achtung: Prüfe stets, ob eine Zuordnung wirklich proportional ist!

Die Preisstaffelung der Post ist **nicht proportional,** es gibt feste Preise für bestimmte Gewichtsspannen.	Briefe bis 20 g kosten 70 ct, Briefe bis 50 g kosten 85 ct usw. Das Porto für einen Brief mit einem Gewicht von 15 g kostet also 70 ct. Ein Brief, der 30 g wiegt, kostet aber nicht 1,40 €.
Ein Leichtathlet stößt eine 2-kg-Kugel nicht doppelt so weit wie eine 4-kg-Kugel. Dies ist **keine proportionale Zuordnung.**	Das wird an einem extremen Gegenbeispiel deutlich: Mark, ein guter Leichtathlet, stößt eine 4-kg-Kugel 12 m weit. Eine Kugel, die nur 400 g wiegt, würde er sicherlich nicht 10-mal so weit stoßen, denn das wären 120 Meter!
Die Dauer einer Klassenarbeit hängt natürlich nicht von der Anzahl der Schüler ab, die daran teilnehmen. In einer Fragestellung wie im Beispiel rechts sind die Größen **nur scheinbar einander zugeordnet,** sie haben allerdings nichts miteinander zu tun.	In die Klasse 7a gehen 30 Schüler. Heute wird eine Mathe-Arbeit geschrieben. Dafür haben die Schüler 45 Minuten Zeit. Die Klasse 7b, in die 25 Schüler gehen, schreibt auch eine Arbeit. Haben sie mehr oder weniger Zeit?

4.4 Prozentrechnung

Bruchteile (Anteile vom Ganzen) werden oft in **Prozent (%)** angegeben. Prozent bedeutet „von 100“, es gilt:

$p\,\% = \frac{p}{100}$.

Durch diese einfache **Vereinheitlichung** kann man Anteile leichter vergleichen, da man immer auf Anteile von 100 umrechnet (↗ Kap. 2.2).

$\frac{1}{2} = \frac{50}{100} = 50\,\%$, also 50 von 100

$0{,}45 = \frac{45}{100} = 45\,\%$

$30\,\% = \frac{30}{100} = \frac{3}{10} = 0{,}3$

Das Ganze ist der **Grundwert G,** er entspricht 100 %. Der **Prozentwert W** gibt an, um wie viel (absolute Häufigkeit) vom Ganzen es geht. Der **Prozentsatz p %** gibt an, wie groß der Anteil (relative Häufigkeit) dieser Anzahl am Ganzen ist. **p** heißt **Prozentzahl** (Prozentpunkt).

60 % (p %) von 25 Schülern (G) kommen mit dem Fahrrad zur Schule. Das sind 15 Schüler (W):

$60\,\%$ von $25 = \frac{60}{100} \cdot 25$

$= \frac{60}{4} = 15$

Prozentrechnungen lassen sich immer durch **Dreisatzrechnungen** für direkt proportionale Zuordnungen (↗ Kap. 4.3) lösen.
Du kannst aber auch die kurzen Formeln der Prozentrechnung verwenden:

■ **Prozentsatz direkt berechnen:**

$p\,\% = \frac{W}{G}$ bzw. $\mathbf{\frac{p}{100} = \frac{W}{G}}$

18 von 30 Befragten treiben gerne Sport. Welchem Prozentsatz entspricht dies?

Dreisatz:
30 → 100 %
0,3 → 1 %
18 → 60 %

oder **Prozentsatz direkt:**
$p\,\% = \frac{18}{30} = \frac{3}{5} = \frac{60}{100} = 60\,\%$

Also treiben 60 % der Befragten gerne Sport.

■ **Prozentwert direkt berechnen:**

$W = p\,\% \cdot G$ bzw. $\mathbf{W = \frac{p \cdot G}{100}}$

5 % der 80 Artikel sind fehlerhaft. Wie viele Artikel haben also Fehler?

Dreisatz:
100 % → 80
1 % → 0,8
5 % → 4

oder **Prozentwert direkt:**
$W = \frac{5 \cdot 80}{100} = 4$

4 Artikel sind fehlerhaft.

■ **Grundwert direkt berechnen:**

$G = \frac{W}{p\,\%}$ bzw. $\mathbf{G = \frac{W \cdot 100}{p}}$

20 % von seinem Taschengeld spart Emil jeden Monat, er wirft immer 3 € ins Sparschwein. Wie viel Taschengeld bekommt er?

Dreisatz:
20 % → 3 €
1 % → 0,15 €
100 % → 15 €

oder **Grundwert direkt:**
$G = \frac{3 \cdot 100}{20} = 15$

Er bekommt 15 € Taschengeld.

WISSEN

ÜBUNG 26 **Ergänze die fehlenden Angaben.**

	von	276 €	sind	9,66 €
		Grundwert		
p %				

ÜBUNG 27 **Vervollständige die Tabelle.**

gekürzter Bruch	$\frac{1}{4}$					$\frac{1}{3}$
Bruch mit 100 im Nenner		$\frac{10}{100}$				
Dezimalzahl				0,6		
Prozentzahl			37,5 %		0,5 %	

WISSEN

Tipps für schnelles Kopfrechnen
Kennst du wichtige **Prozentangaben auswendig,** rechnest du sicherer und schneller!

$1\,\% = \frac{1}{100} = 0{,}01$ $10\,\% = \frac{1}{10} = 0{,}1$ $20\,\% = \frac{1}{5} = 0{,}2$ $25\,\% = \frac{1}{4} = 0{,}25$ $30\,\% = \frac{3}{10} = 0{,}3$

$33{,}3\,\% = \frac{1}{3} = 0{,}\overline{3}$ $50\,\% = \frac{1}{2} = 0{,}5$ $75\,\% = \frac{3}{4} = 0{,}75$ $90\,\% = \frac{9}{10} = 0{,}9$ $100\,\% = \frac{1}{1} = 1{,}0$

Hast du diese Zahlen immer parat, kannst du viel schneller rechnen:
- 50 % von 4 kg sind die Hälfte, also rechnest du 4 kg : 2 = 2 kg.
- 25 % einer Wegstrecke sind 8 km, 100 % sind demnach 4 · 8 km = 32 km.

Für schnelles Rechnen (mit und ohne Taschenrechner):
- Du willst 15 % von 230 berechnen.
  Du weißt: 15 % = 0,15. Also rechnest du W = 0,15 · 230 = 34,5.
- Du willst 7,5 % von 111 bestimmen.
  Du weißt: 7,5 % = 0,075. Also rechnest du W = 0,075 · 111 = 8,325.

Auch beim Kopfrechnen gilt: Der einfache **Dreisatz** (↗ Kap. 4.3) **funktioniert immer!**

ÜBUNG 28 **Berechne jeweils den Prozentwert W.**

1 % von 750

75 % von 32

25 % von 24

0,5 % von 120

10 % von 48

12 % von 84

200 % von 200

$33{,}\overline{3}$ % von 99

ÜBUNG 29 **Berechne jeweils den Grundwert G.**

a) W = 7; p = 25 b) W = 2,5; p = 10 c) W = 322,45; p = 50
d) W = 125; p = 250 e) W = 600; p = 60 f) W = 222; p = 0,01

ÜBUNG 30 **In den Klassen 6 a und 6 b ist dieselbe Klassenarbeit geschrieben worden. In der Klasse 6 a wurden 8 von 25 und in der Klasse 6 b wurden 9 von 30 Arbeiten mit „gut“ bewertet. Vergleiche die prozentualen Anteile.**

ÜBUNG 31 **Ein schöner Stuhl kostete bisher 84 €, jetzt wurde der Preis aber um 10 % erhöht. Ein Stammkunde erhält auf diesen erhöhten Preis 10 % Rabatt. Wie viel muss er zahlen?**

ÜBUNG 32 **Zum Nettobetrag einer Handwerkerrechnung kommen 19 % Mehrwertsteuer hinzu. Auf wie viel Euro beläuft sich die Mehrwertsteuer, wenn der Nettopreis 270 € beträgt?**

WISSEN +

Kreisdiagramme
Anteile werden häufig in Kreisdiagrammen veranschaulicht. Der **Vollkreis (360°)** entspricht dem Grundwert G. Für jeden der Prozentsätze wird ein **Kreissegment** gekennzeichnet, das den entsprechenden prozentualen Anteil am Vollkreis hat.

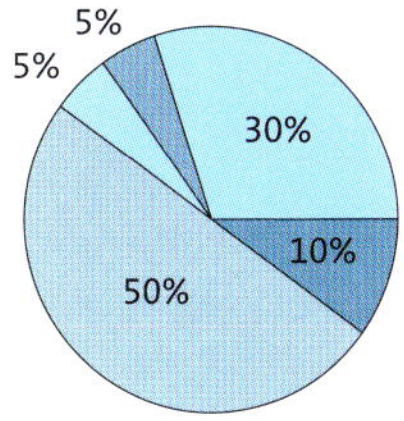

Um selbst ein Kreisdiagramm zu zeichnen, musst du für jeden Anteil berechnen, welcher Mittelpunktswinkel (↗ Kap. 5.3) ihm entspricht.
Beispiel: Ein Anteil von 25 % wird so dargestellt:
100 % → 360°
1 % → 3,6°
25 % → 90°

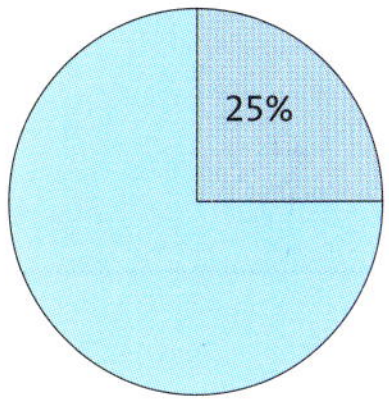

ÜBUNG 33 **Bearbeite das untere der beiden abgebildeten Kreisdiagramme.**

a) Markiere Kreissegmente, die 50 % bzw. 9 % darstellen.
b) Welchen Prozentsatz macht der letzte verbleibende Anteil am Ganzen aus?

ÜBUNG 34 **An der Heinrich-von-Kleist-Schule werden 600 Schüler unterrichtet. Davon kommen 340 mit dem Fahrrad, 155 mit dem Bus und 105 zu Fuß zur Schule. Von 300 Schülern der Franz-Kafka-Schule kommen 115 mit dem Fahrrad, 75 mit dem Bus und 110 zu Fuß.**

a) Erstelle eine Tabelle im Heft und vergleiche die prozentualen Anteile.
b) Erstelle für jede Schule ein Kreisdiagramm. Färbe entsprechende Anteile jeweils gleich.

ÜBEN

WISSEN +

Zinsrechnung

Wenn du Geld auf einem Konto sparst, bekommst du dafür **Zinsen.** Das bedeutet, dass du einen bestimmten prozentualen Anteil dazu bekommst. Diese Zinsen werden mithilfe der Prozentrechnung berechnet. Es werden lediglich andere **Bezeichnungen** verwendet.

Grundwert G = **Kapital K**
Prozentsatz p % = **Zinssatz p %**
Prozentwert W = **Zinsen Z**

$\frac{p}{100} = \frac{W}{G}$, also: $\frac{p}{100} = \frac{Z}{K}$

Lisa hat 250 € auf ihrem Sparbuch angelegt, diese werden mit einem jährlichen Zinssatz von 2 % verzinst. Wie viel Zinsen bekommt Lisa am Jahresende zu ihrem Kapital hinzu?
Gegeben: K = 250 €, p % = 2 %, gesucht: Z.

100 % → 250 €
1 % → 2,50 €
2 % → 5 €

oder: $Z = \frac{2 \cdot 250\,€}{100} = 5\,€$

Sie bekommt 5 € Zinsen.

Herr Schröder musste sich Geld zu einem Zinssatz von 9 % leihen. Nach einem Jahr sind 36 € Zinsen zu bezahlen. Wie viel Geld hat er sich geliehen?
Gegeben: p % = 9 %, Z = 36 €, gesucht: K.

9 % → 36 €
1 % → 4 €
100 % → 400 €

$K = \frac{36\,€ \cdot 100}{9} = 400\,€$

Er hat sich 4 000 € geliehen.

Üblicherweise bezieht sich der Zinssatz auf ein Jahr, man spricht auch vom **Jahreszinssatz**. Natürlich kann man auch berechnen, wie viel Zinsen man dann an einem Tag, an x Tagen oder auch in x Wochen oder Monaten bekommt. Die Banken haben sich darauf geeinigt, grundsätzlich von **360 Tagen im Jahr** und von **30 Tagen im Monat** auszugehen.

Erhält man für ein Kapital in Höhe von 9 000 € einen Zinssatz von 8 %, so bekommt man 720 € Zinsen im Jahr. Pro Tag bekommt man also 720 € : 360 = 2 €. In 112 Tagen sind es 112 · 2 € = 224 €; in einer Woche 7 · 2 € = 14 €. Im Monat bekommt man 720 € : 12 = 60 € Zinsen.

ÜBUNG 35 **Welchen Jahreszins bekommt man für 225 € bei einem Zinssatz von 6 %?**

ÜBUNG 36 **Theo kauft für 15 000 € Aktien, die er ein Jahr später für 16 650 € verkauft.**

a) Wie viel Prozent Gewinn hat er gemacht?
b) Wie viel Zinsen hätte er bekommen, wenn er das Angebot der Bank angenommen hätte, die ihm einen Zinssatz von 8 % angeboten hatte?
c) Herr Bär hat bei seiner Bank Geld zu einem Zinssatz von 9,5 % angelegt. Am Jahresende werden ihm 1 900 € überwiesen. Wie viel Geld hat er angelegt?

ÜBUNG 37 **Herr Schmidt hat eine Million Euro so angelegt, dass sie mit 12 % verzinst wird. Wie viel Zinsen bekommt er an einem Tag, in einer Woche bzw. in einem Vierteljahr? Wie lange dauert es, bis er 33 000 € Zinsen bekommen hat?**

4.5 Schaubilder erstellen und verstehen

In einem **Diagramm (Schaubild)** werden Zuordnungen anschaulich dargestellt. Jeder Wert wird einem anderen zugeordnet (↗ Kap. 4.2).

Im **Bilddiagramm** entspricht die Anzahl oder die Größe eines Zeichens dem dargestellten Wert bzw. der dargestellten Zahl.

Das Ergebnis der Klassensprecherwahl aus Kapitel 4.2:

Im **Säulendiagramm** entspricht die Höhe einer Säule dem dargestellten Wert.

Im **Strichdiagramm** werden statt der Säulen Striche zur Darstellung verwendet.

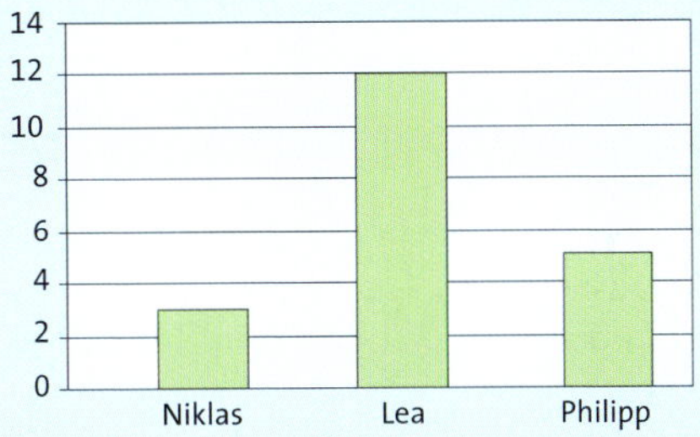

Anteile und relative Häufigkeiten können besonders gut mithilfe eines **Kreisdiagramms** dargestellt werden. Der **Vollkreis** entspricht dem Ganzen.

Für jeden der Anteile wird ein **Kreissegment** gekennzeichnet, das den entsprechenden prozentualen Anteil am Vollkreis hat (↗ Kap. 4.4).

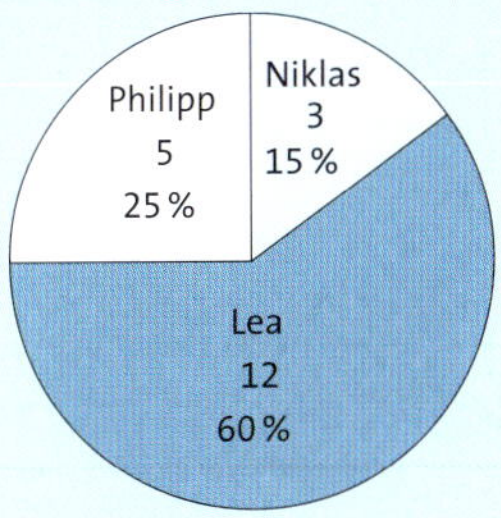

Im **Liniendiagramm** wird deutlich, wie sich eine Größe verändert.

Das Schaubild zeigt einen Temperaturverlauf. Einem Tag ist jeweils eine Höchsttemperatur zugeordnet. Die Verbindung der einzelnen Werte zu einem Liniendiagramm verdeutlicht das Steigen bzw. Fallen der Temperatur.

Die zugeordneten Werte werden zunächst als Punkte markiert und anschließend durch eine Linie verbunden.

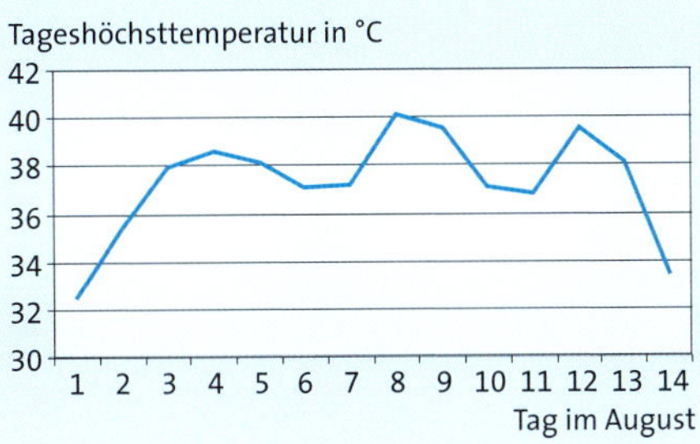

ÜBUNG 38 **Leon hat in seiner Klasse eine Umfrage zu den Körpergrößen der Mitschüler durchgeführt.**

a) Ergänze die Tabelle, indem du die Strichliste auswertest.
b) Wie viele Schüler haben an der Befragung teilgenommen?
c) Stelle die Werte in einem Säulendiagramm dar. Nutze dafür die unten stehende Vorlage.
d) Welcher Anteil der Kinder ist zwischen 151 und 160 cm groß? Bestimme auch die weiteren Anteile und trage sie im Diagramm an den zugehörigen Säulen ein.
e) Trage die Anteile in das vorbereitete Kreisdiagramm ein.
f) Berechne die zugehörigen Winkelgrößen.

Größe	Strichliste	absolute Häufigkeit	relative Häufigkeit in %
131–140 cm	III		
141–150 cm	𝍸 𝍸		
151–160 cm	𝍸 II		
gesamt	𝍸 𝍸 𝍸 𝍸		100 %

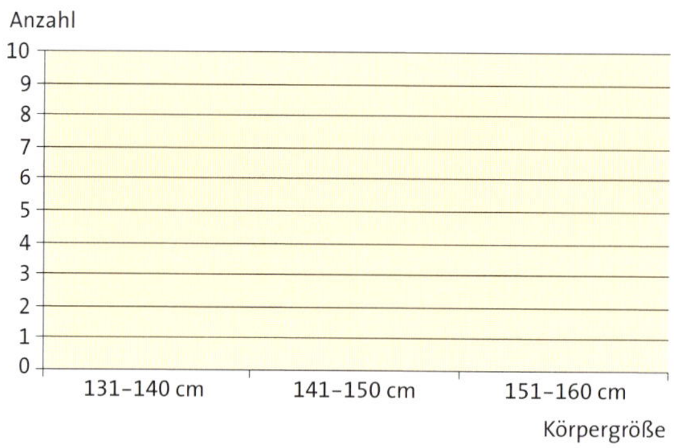

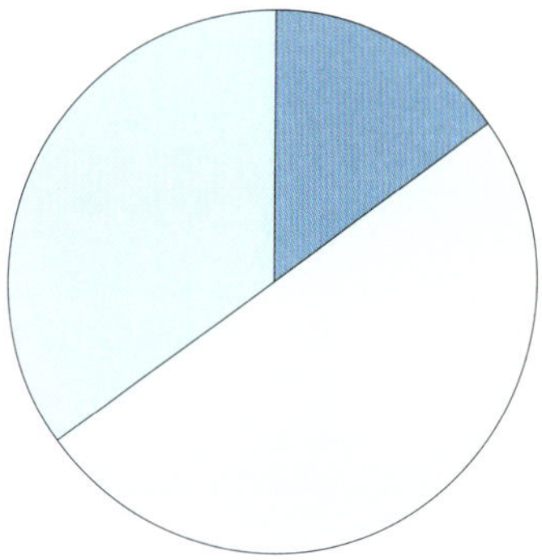

ÜBUNG 39 **Anna hat die Höhe verschiedener Berge im Lexikon nachgeschlagen.**

a) Stelle die folgenden Höhenangaben in einem Strichdiagramm dar. Wähle selbst eine geeignete Längeneinheit für die Höhenachse.
b) Warum ist ein Kreisdiagramm hier nicht geeignet?
c) Berechne die durchschnittliche Höhe der genannten Berge!

Mount Everest	Groß-glockner	Montblanc	Kilimand-scharo	Zugspitze	Schnee-koppe
8 850 m	3 798 m	4 810 m	5 895 m	2 962 m	1 603 m

ÜBUNG 40 **Leonie vergleicht die Preise ihres Lieblingsgetränkes in verschiedenen Geschäften. Sie notiert: 2,99 €; 3,05 €; 3,49 €; 3,59 €; 3,09 € und 3,19 €.**

a) Stelle die Preise in einem Säulendiagramm dar.
b) Wie groß ist die Differenz zwischen dem günstigsten und dem teuersten Angebot?
c) Wie viel Geld spart Leonie, wenn sie drei Flaschen für den günstigsten Preis kauft im Vergleich zum teuersten Preis?
d) Berechne den Durchschnitt der Preise.

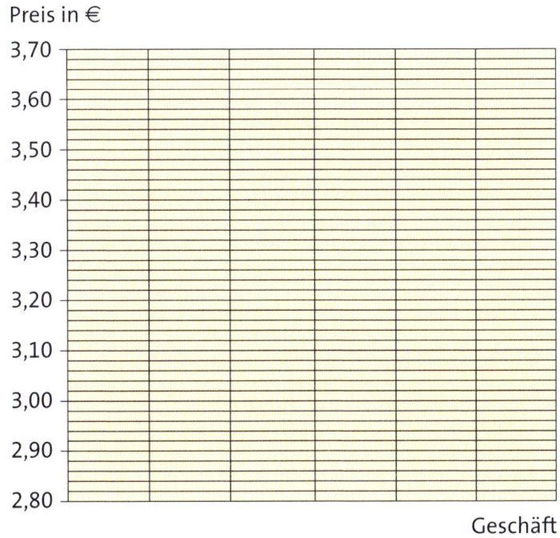

ÜBUNG 41 **Nach den Angaben aus der Klassenliste erstellt der Klassenlehrer eine Übersichtstabelle, wie viele Kinder in den jeweiligen Monaten Geburtstag haben. Betrachte die Tabelle und das zugehörige – noch unvollständige – Schaubild.**

a) Vervollständige die Tabelle mithilfe der Daten aus dem Säulendiagramm.
b) Wie viele Kinder gehören zu dieser Klasse?
c) In welchem Monat haben die meisten, in welchem die wenigsten Kinder Geburtstag?
d) Vervollständige das Säulendiagramm mithilfe der Tabelle.
e) Welcher Prozentsatz der Kinder hat im Sommer (Juni bis September) Geburtstag?

Monat	1	2	3	4	5	6	7	8	9	10	11	12
Geburtstagskinder			4	5	3	3		6		0	2	1

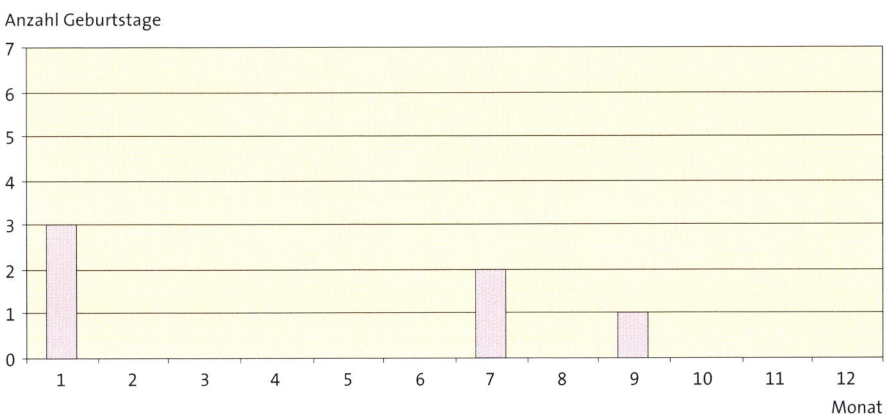

ÜBUNG 42 **In der Tabelle siehst du die Notenverteilung einer Klassenarbeit.**

a) Erstelle ein Säulendiagramm, in dem die Notenverteilung deutlich wird.
b) Berechne den Notendurchschnitt der Arbeit.
c) Welcher prozentuale Anteil der Schüler hat mit Note 2 oder besser abgeschnitten?
d) Welcher prozentuale Anteil der Schüler hat schlechter als mit Note 2 abgeschnitten?

Note	1	1,5	2	2,5	3	3,5	4	4,5	5	5,5	6
Anzahl	2	4	4	4	3	4	3	2	1	0	1

ÜBUNG 43 **In der Tabelle siehst du eine Auflistung von Tageshöchsttemperaturen (T_{max}) der ersten 14 Tage des Monats August.**

a) Erstelle ein Liniendiagramm, indem du zum jeweiligen Tag einen kleinen Punkt in Höhe der zugehörigen Temperatur T_{max} markierst (die ersten beiden Temperaturen sind als Beispiel bereits eingetragen). Verbinde anschließend alle Punkte mit einer durchgehenden Linie.
b) An welchem Tag war es am heißesten? Wann war es am wenigsten heiß?
c) Zwischen welchen beiden aufeinanderfolgenden Tagen trat die größte Temperaturdifferenz auf? Wie groß war diese Differenz?

Datum	**T_{max} (°C)**
1.8.	32,5
2.8.	35,4
3.8.	37,9
4.8.	38,6
5.8.	38,1
6.8.	37,1
7.8.	37,2
8.8.	40,1
9.8.	39,5
10.8.	37,1
11.8.	36,8
12.8.	39,5
13.8.	38,1
14.8.	33,4

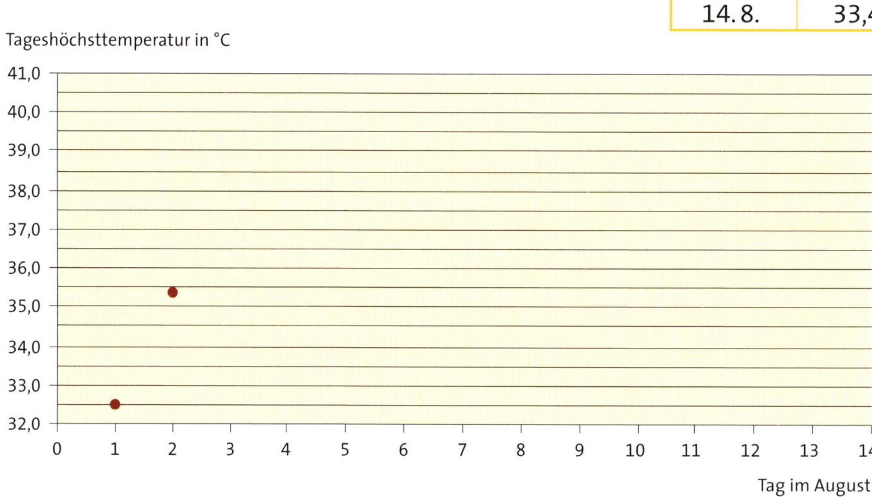

45 Minuten

KLASSENARBEIT 1

AUFGABE 1 **Trage ein, welchem Prozentsatz die farbig markierten Bereiche entsprechen.**

a) 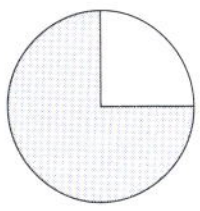 p % =

b) 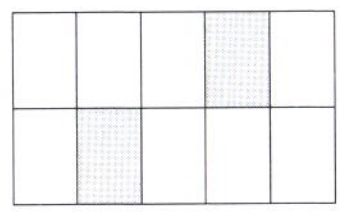 p % =

c) 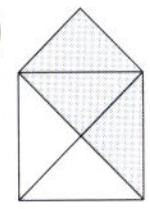 p % =

AUFGABE 2 **Berechne die fehlenden Angaben (Menge und Preis sind hier direkt proportional zueinander).**

90 kg → 270 €

12 kg →

 → 150 €

AUFGABE 3 **Um wie viel Prozent wird ein Wert …**

a) kleiner, wenn man ihn halbiert?
b) größer, wenn man ihn um ein Fünftel vergrößert?

AUFGABE 4 **G ist der Grundwert, W der Prozentwert und p die Prozentzahl.**

a) Berechne den Prozentsatz (p %): W = 2,6; G = 104
b) Berechne den Grundwert (G): W = 154; p = 14
c) Berechne den Prozentwert (W): G = 55; p = 110

AUFGABE 5 **Für einen Euro erhält man bei einem Umtauschkurs von 1 : 1,44 auf der Bank 1,44 Schweizer Franken (sFr).**

a) Wie viel Schweizer Franken bekommt man für 92 €?
b) Wie viel Euro muss man umtauschen, um 360 sFr zu bekommen?

AUFGABE 6 **In einem Geschäft werden Kartoffeln in unterschiedlichen Verpackungsgrößen zu folgenden Preisen angeboten: Der 1,5-kg-Sack kostet 0,75 €, der 5-kg-Sack kostet 2,25 €.**

a) Berechne jeweils den Preis pro Kilogramm. Welche Verpackung ist demnach günstiger?
b) Frau Meier will genau 8 kg Kartoffeln kaufen. Wie viel muss sie zahlen?
c) Auf dem Wochenmarkt verlangt ein Bauer 48 ct pro Kilogramm. Ist es für Frau Meier günstiger, hier 8 kg zu kaufen?

AUFGABE 7 **Bei einer Überprüfung erweisen sich von 7 000 Monitoren 0,1 % als fehlerhaft. Wie viele Monitore müssen aussortiert werden?**

AUFGABE 8 **Die Tabelle zeigt, wie viel Wasser ein Mensch in Deutschland durchschnittlich für verschiedene Zwecke am Tag verbraucht.**

a) Wie viel Liter Wasser verbraucht ein Deutscher durchschnittlich insgesamt am Tag?
b) Welcher prozentuale Anteil entfällt davon auf Körperpflege mit Baden und Duschen?
c) Stelle die Angaben in einem Säulendiagramm dar. Benutze das unten stehende Schema.
d) Bestimme jeweils die relative Häufigkeit (in %) und trage sie in die Tabelle ein.
e) Ordne im unten abgebildeten Kreisdiagramm die prozentualen Anteile den Kreissegmenten zu.

Tätigkeit	**Trinken und Kochen**	**Körperpflege (ohne Baden und Duschen)**	**Baden und Duschen**	**WC**	**Putzen**	**Wäsche waschen**
Verbrauch in Litern	5	15	40	40	10	40
Relative Häufigkeit						

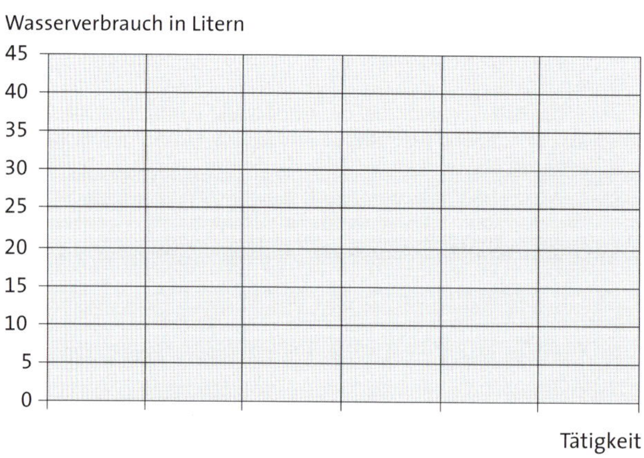

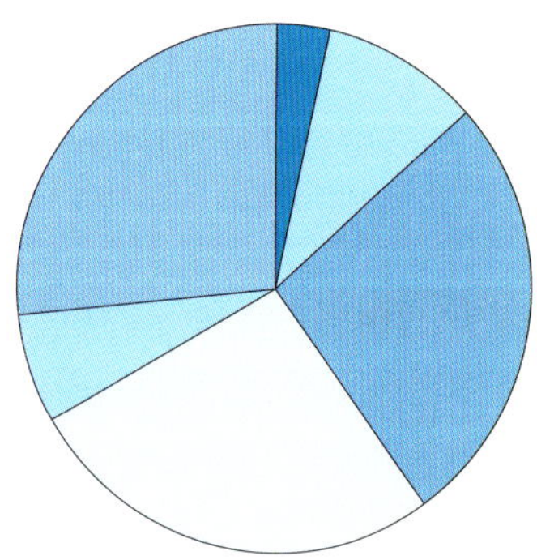

60 Minuten

KLASSENARBEIT 2

AUFGABE 9 **Kreuze alle Kästchen an, die den Anteil $\frac{2}{5}$ angeben.**

0,2 | $\frac{4}{10}$ | 2 % | 400 %

0,4 | 4 % | 0,4 % | 20 %

40 %

0,40 | 0,04

AUFGABE 10 **Nachdem im Lieblingsladen von Lina und Johanna die Preise um 50 % reduziert worden sind, berichtet Lina ganz aufgeregt: „Mensch, Johanna, die Preise wurden noch mal um 50 % reduziert!" „Klasse", freut sich Johanna, „dann kosten die Sachen ja gar nichts mehr." Hat sie recht? Falls nicht, gib an, welchen Anteil des ursprünglichen Preises die Freundinnen nun noch zahlen müssen.**

AUFGABE 11 **Der Platzwart des Stadions Soccer City in Johannesburg bereitete den Rasen für das Finale der Fußballweltmeisterschaft 2010 vor. Mit seinem Traktor mähte er den Rasen, wofür er 40 Minuten benötigte. Dabei wurden 3 Liter Benzin verbraucht.**

a) Wie viel Benzin verbrauchte er demnach in einer Stunde?
b) Wie lange benötigte er für drei komplette Rasenflächen?
c) Eine Woche zuvor hat er ebenfalls den Rasen vorbereitet. Allerdings hatte er dabei Unterstützung von drei Kollegen, die jeweils genau so schnell wie er arbeiteten. Wie lange benötigten sie zu viert für eine Rasenfläche?
d) Der Rasen des Nelson-Mandela-Bay-Stadions in Port Elizabeth, wo Deutschland gegen Uruguay um Platz 3 spielte, wurde von zwei Platzwarten vorbereitet. Sie benötigten dafür eine Stunde. Wie lange hätten sie bei gleicher Arbeitsgeschwindigkeit zu dritt gebraucht?

AUFGABE 12 **Der Torwart der Eishockeymannschaft „Crazy Dogs" hält im Schnitt 85 % der Schüsse, die auf sein Tor abgegeben werden.**

a) In einem Spiel wurde 40-mal auf sein Tor geschossen. Wie viele Gegentore müsste er demnach kassiert haben?
b) In einem anderen Spiel konnte er 22 Schüsse parieren, drei Pucks konnte er nicht halten. Hatte er eher einen guten oder schlechten Tag?

TESTEN

AUFGABE 13 **In dem Schaubild werden die längsten Flüsse Deutschlands verglichen. Ergänze die fehlenden Angaben.**

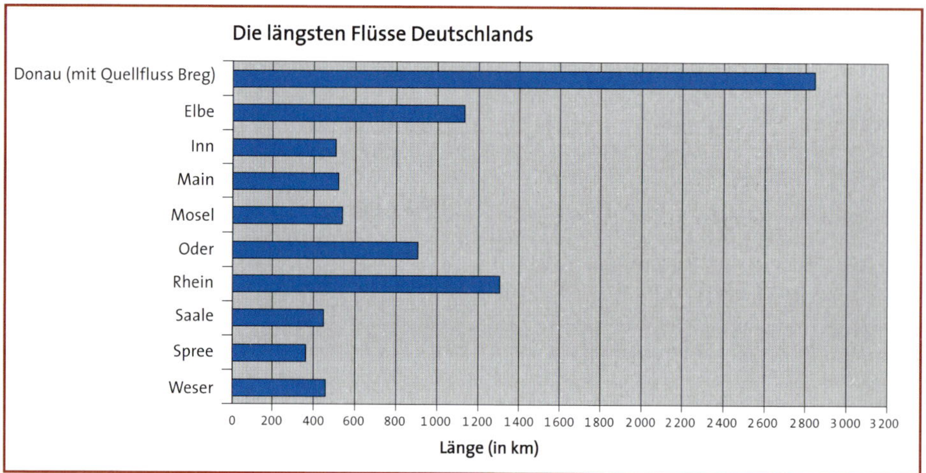

Der längste Fluss ist ______ mit einer Länge von ca. ______ km, der kürzeste ______ mit einer Länge von ca. ______ km. Der zweitlängste Fluss ist ______ km länger als der drittlängste. Von den dargestellten Flüssen sind ______ zwischen 400 und 600 km lang. In dem Schaubild sind die Flüsse nicht nach ihrer Länge geordnet, sondern ______.

AUFGABE 14
Stelle für den Umfang der abgebildeten Figur einen Term auf.

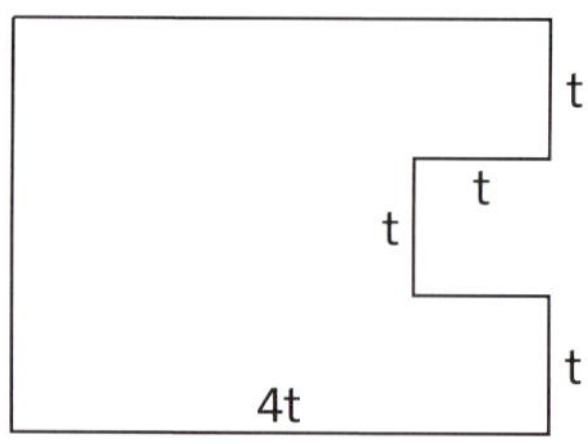

AUFGABE 15 **Eddy muss einen unebenen Boden mit einer Ausgleichsmasse ausgießen. Die auszugießende rechteckige Fläche ist 3,5 m lang und 40 cm breit.**

a) Wie groß ist die Fläche, die ausgegossen werden muss?
b) Die Fläche soll 1,5 cm hoch ausgegossen werden. Wie viel Liter Bodenausgleichsmasse benötigt Eddy? (Tipp: $1\,m^3 = 1\,000\,dm^3 = 1\,000\,l$)
c) Auf der Packung steht: „Verbrauch: ca. $1{,}8\,kg/m^2$ je 1 mm Schichtdicke." Wie viel Kilogramm muss Eddy demnach kaufen?

TESTEN

60 Minuten

KLASSENARBEIT 3

AUFGABE 16 **Welche Zahl musst du für x einsetzen, damit die Gleichung stimmt?**

$178 - 16 + x = -13$

AUFGABE 17 **Die Antarktis ist von der dicksten Eisschicht der Erde bedeckt.**

a) Die Oberfläche eines Eisfeldes, das 4 100 m dick ist, befindet sich 1 680 m über NN. In welcher Höhe befindet sich das Land?
b) Etwa 97,5 % der 13,2 Millionen km^2 großen Landfläche sind von Eis bedeckt. Wie groß ist die eisfreie Fläche?

AUFGABE 18 **Wayne Gretzky gilt als der beste Eishockeyspieler aller Zeiten. In einer seiner besten Saisons erzielte der Kanadier 86 Tore. Seine Trefferquote betrug damals 25 %.**

a) Wie oft musste Gretzky dafür auf das gegnerische Tor schießen?
b) Tom, ein Stürmer der Eishockeymannschaft „Crazy Dogs“, erzielte in einem Spiel mit 5 Schüssen 2 Tore. Vergleiche seine Trefferquote mit der von Gretzky.

AUFGABE 19 **Gegeben ist folgendes „Rechenprogramm“: „Addiere −5, multipliziere mit $\frac{1}{2}$, subtrahiere 3, dividiere durch −2.“**

a) Führe die Rechnung mit der Startzahl x = 3 durch.
b) Schreibe das gesamte Rechenprogramm als Term für eine Startzahl x.
c) Berechne den Wert des Terms für x = −3.

AUFGABE 20 **Bei amerikanischen Fahrzeugen zeigt der Tachometer die Geschwindigkeit in miles per hour (mph: Meilen pro Stunde) an. Bei einer Geschwindigkeit von 80 km/h steht die Tachometernadel bei 50 mph.**

a) Wie viel mph entsprechen 60 km/h?
b) Wie viel km/h entsprechen 80 mph?

AUFGABE 21 **Im südhessischen Viernheim sorgte 2012 ein ungewöhnlicher Platzregen für Überschwemmungen und vollgelaufene Keller im gesamten Stadtgebiet. Vier gleich starke Pumpen hätten zusammen sechs Stunden gebraucht, um einen Keller leer zu pumpen. Eine Pumpe war jedoch defekt. Wie lange dauerte es mit drei Pumpen?**

TESTEN

AUFGABE 22 **Die Entfernung von Mannheim nach Baden-Baden beträgt etwa 100 km. Ein Fußgänger mit einer Schrittgeschwindigkeit von 5 km/h bräuchte für diese Strecke 20 h.**

a) Vervollständige die Tabelle. Wie lange benötigt man für die Strecke mit: 10 km/h, 50 km/h, 100 km/h, 150 km/h, 200 km/h?

b) Stelle die Werte in einem geeigneten Schaubild dar, aus dem man auch ablesen kann, wie lange man für die Strecke benötigt, wenn man sich mit anderen Geschwindigkeiten fortbewegt.

Geschwindigkeit	Reisedauer
5 km/h	
10 km/h	
50 km/h	
100 km/h	
150 km/h	
200 km/h	

c) Lies die Reisedauer bei einer Geschwindigkeit von 75 km/h ab und berechne sie anschließend.

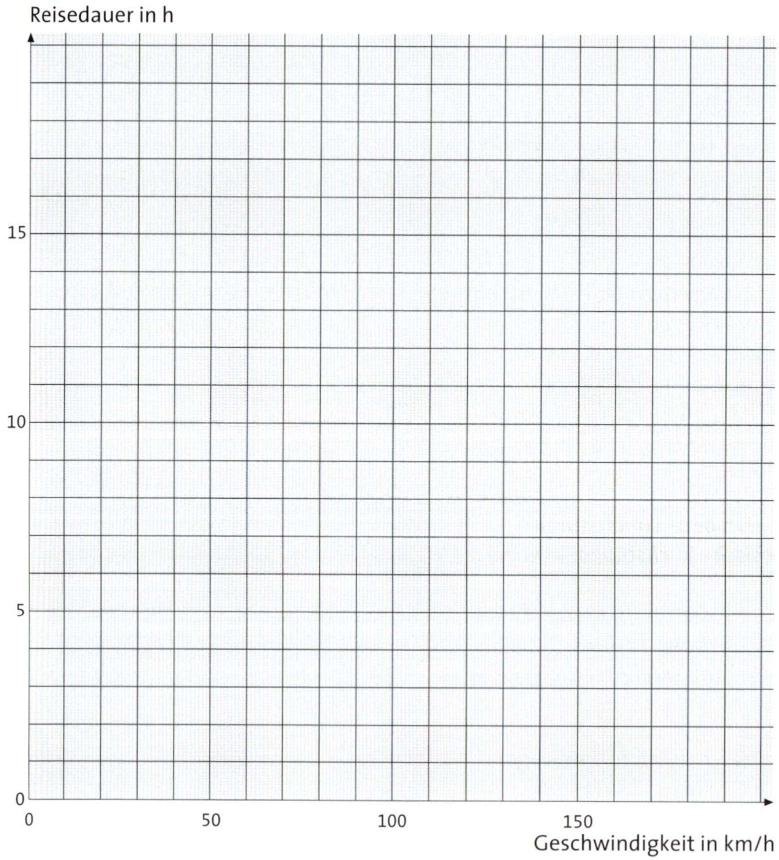

5 Winkel und Kreise

5.1 Winkel

Winkel und Winkelmessung

Zwei Strahlen (Halbgeraden) g und h, die von einem gemeinsamen Punkt S ausgehen, bilden einen **Winkel.** S heißt **Scheitel(punkt)**, die beiden Strahlen heißen **Schenkel** des Winkels.

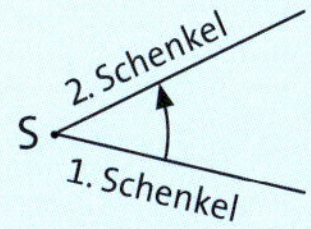

Der Schenkel, der bei einer Drehung um den Punkt S *gegen den Uhrzeigersinn* den Winkel überstreicht, heißt **erster Schenkel,** der andere **zweiter Schenkel.**

Der **Vollwinkel** entsteht durch eine volle Drehung. Die Größe eines Winkels wird in der **Einheit Grad** (Zeichen: °) gegen den Uhrzeigersinn gemessen. 1° ergibt sich aus der Zerlegung des Vollwinkels in 360 gleiche Teile.

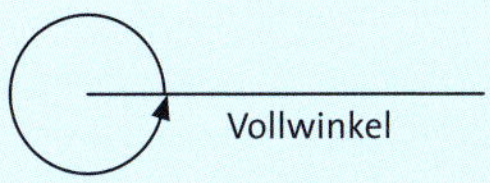

Messen eines Winkels:
- Lege das Geodreieck mit dem Nullpunkt so auf den Scheitel, dass die Linealkante auf dem ersten Schenkel liegt und
- lies die Größe des Winkels ab.

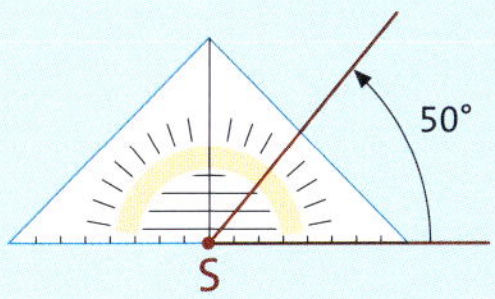

Zeichnen eines Winkels:
- Zeichne den ersten Schenkel und markiere den Scheitel S.
- Trage den Winkel entgegen dem Uhrzeigersinn ab (markiere einen Punkt).
- Zeichne den zweiten Schenkel, indem du den markierten Punkt mit dem Scheitel verbindest.

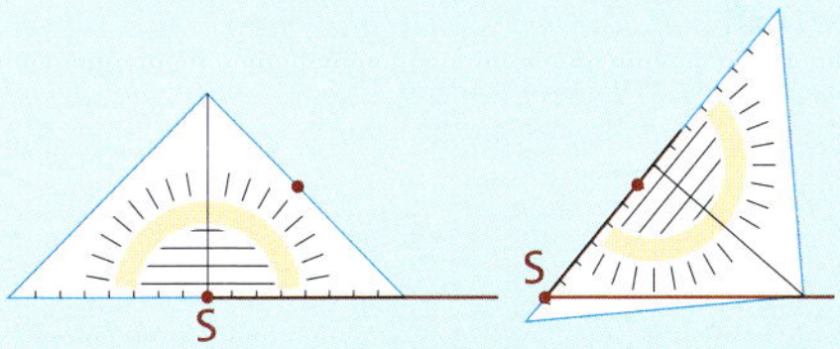

Winkel kann man bezeichnen durch
- kleine *griechische Buchstaben:* α, β, γ, ...;
- Angabe der beiden Schenkel: $\sphericalangle$ gh;
- Angabe von drei Punkten: einem Punkt des *ersten Schenkels,* dem *Scheitelpunkt* und einem *Punkt* des *zweiten Schenkels:* $\sphericalangle$ ASB.

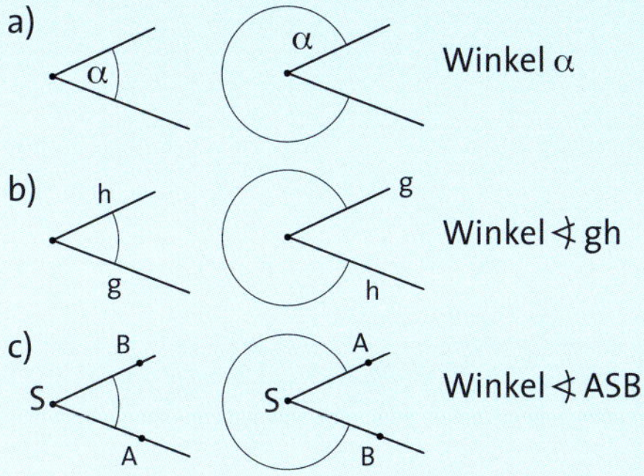

Merke: Winkel werden immer entgegen dem Uhrzeigersinn bezeichnet und gelesen!

WISSEN

ÜBUNG 1 Übertrage die Figur in dein Heft. Trage die folgenden Winkel mit farbigen Kreisbögen ein und bezeichne sie mit den entsprechenden Buchstaben (α, β, γ usw.).

$\alpha = \sphericalangle ab$
$\beta = \sphericalangle cd$
$\gamma = \sphericalangle bd$
$\delta = \sphericalangle db$
$\epsilon = \sphericalangle ad$

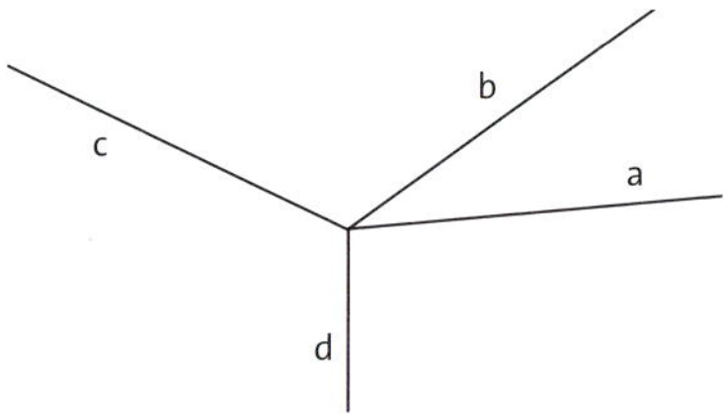

ÜBUNG 2 Übertrage die Figur in dein Heft. Trage die folgenden Winkel mit farbigen Kreisbögen ein.

$\alpha = \sphericalangle BAD$
$\beta = \sphericalangle CBA$
$\gamma = \sphericalangle CDA$
$\delta = \sphericalangle DEC$
$\epsilon = \sphericalangle DAB$

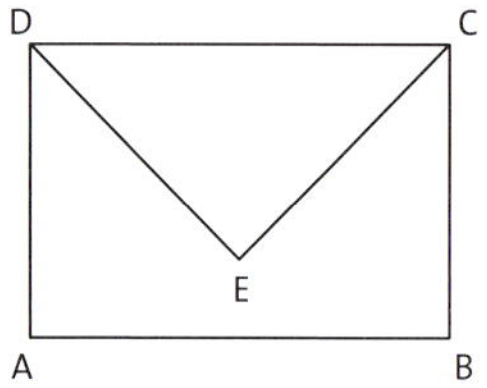

ÜBUNG 3 Zeichne die angegebenen Winkel und beschrifte sie mit den gegebenen Bezeichnungen. Mache dir vorher jeweils anhand einer Skizze klar, wie groß der Winkel ungefähr sein wird.

$\alpha = 30°$ $\beta = 45°$ $\gamma = 62°$ $\delta = 90°$
$\epsilon = 160°$ $\sphericalangle ab = 19°$ $\sphericalangle cd = 135°$

ÜBUNG 4 Beschrifte die eingezeichneten Winkel mithilfe der angegebenen Punkte und Geraden. Achte darauf, dass Winkel entgegen dem Uhrzeigersinn bezeichnet werden.

a)

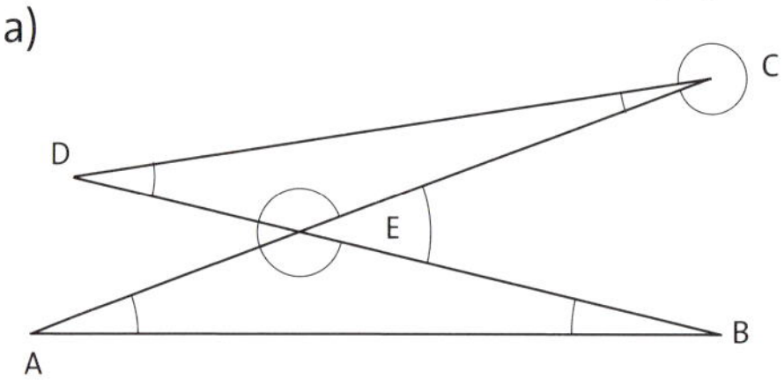

b)

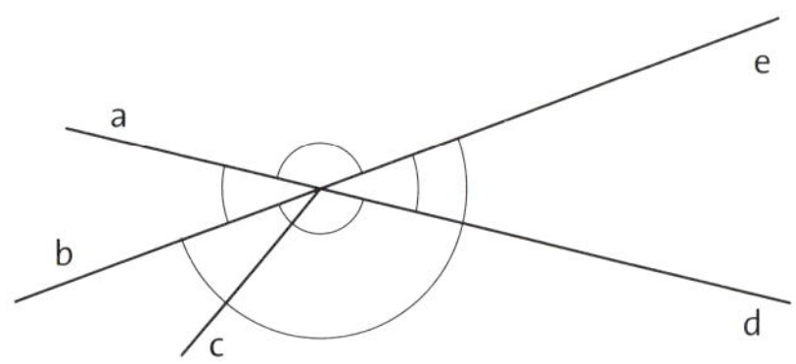

ÜBUNG 5 Wie groß ist der Winkel, den die beiden Zeiger einer Uhr zu den angegebenen Zeiten einschließen? Beantworte, ohne zu zeichnen. Gibt es mehrere mögliche Antworten?

a) 6 Uhr b) 3 Uhr c) 12 Uhr
d) 1 Uhr e) 16 Uhr f) 5 Uhr

WISSEN

Winkel von mehr als 180°
Um einen Winkel zu messen, der größer als 180° ist, musst du ihn zerlegen:
1. Verlängere den ersten Schenkel über den Scheitel hinaus;
2. miss den kleinen Winkel;
3. addiere 180°.

Entsprechend kannst du auch vorgehen, wenn du einen Winkel zeichnen willst, der größer als 180° ist.

Tipp: Liegt der Winkel zwischen 270° und 360°, so kannst du den kleinen Winkel im Uhrzeigersinn, also „in die falsche Richtung", messen und von 360° subtrahieren.

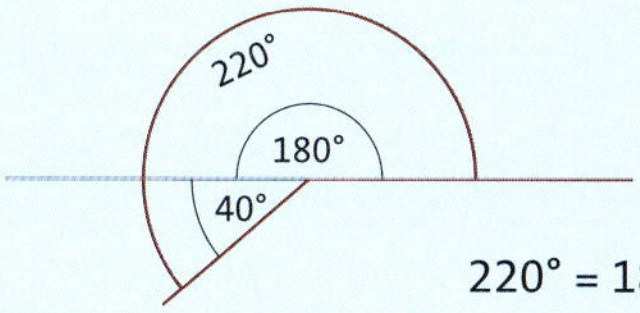

220° = 180° + 40°

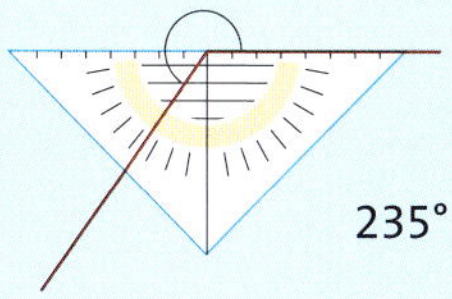

235° = 180° + 55°

ÜBUNG 6 **Zeichne die angegebenen Winkel und beschrifte sie entsprechend. Mache dir jeweils vorher anhand einer Skizze klar, wie groß der Winkel ungefähr sein wird.**

∢ef = 180°	∢gh = 190°	∢ij = 185°	∢ABC = 122°
∢DEF = 270°	∢GHI = 355°	∢JKL = 360°	∢MNO = 0°

ÜBUNG 7 **Schätze zunächst die Größe der angegebenen Winkel. Miss sie anschließend genau und vergleiche deine Ergebnisse. (Tipp: Verlängere die Schenkel zum Messen.)**

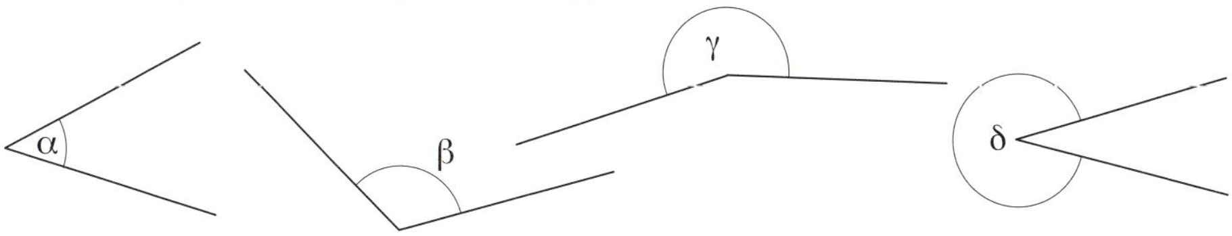

ÜBUNG 8 **Die Stubenfliege Susi läuft auf der Suche nach Essen auf einem Tisch 5 cm weit in eine Richtung. Hier findet sie nichts zu fressen, also dreht sie sich um 60° nach rechts und läuft 4 cm weiter. Wieder nichts, also dreht sie sich um 95° nach rechts, läuft – und nach 3,2 cm riecht sie etwas. Sie dreht sich um 75° nach rechts, sieht das leckere Essen und muss 6,3 cm laufen, bis sie es erreicht hat.**

a) Zeichne Susis Weg. Achte darauf, genau zu zeichnen!
b) Wo befindet sich Susi am Ende ihrer Suche?
c) Um welchen Winkel muss sich Susi nach rechts drehen, um wieder in ihren ursprüngliche Laufrichtung zu schauen?
d) Um welchen Winkel hat Susi sich dann insgesamt – einschließlich c) – gedreht?

5.2 Gesetze für Winkel

Die beiden gegenüberliegenden Winkel an zwei sich schneidenden Geraden heißen **Scheitelwinkel.** Scheitelwinkel sind gleich groß.

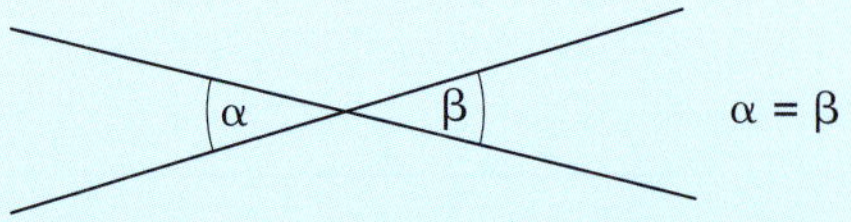

Nebeneinanderliegende Winkel an zwei sich schneidenden Geraden heißen **Nebenwinkel.** Nebenwinkel ergeben zusammen 180°.

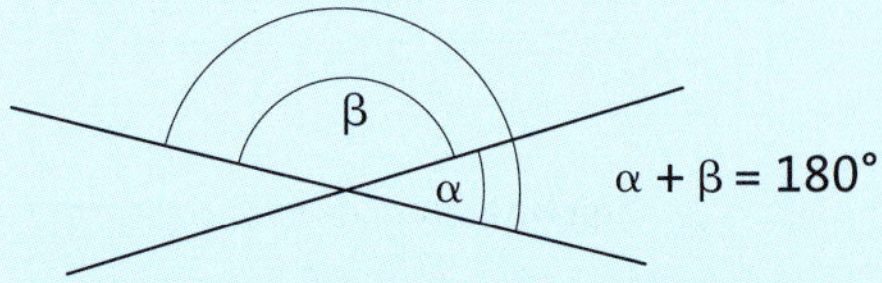

Schneidet eine Gerade i zwei andere Geraden, so entstehen **Stufenwinkel.** Stufenwinkel liegen auf derselben Seite von i und auf den sich entsprechenden Seiten von g und h. Stufenwinkel an Parallelen sind gleich groß.

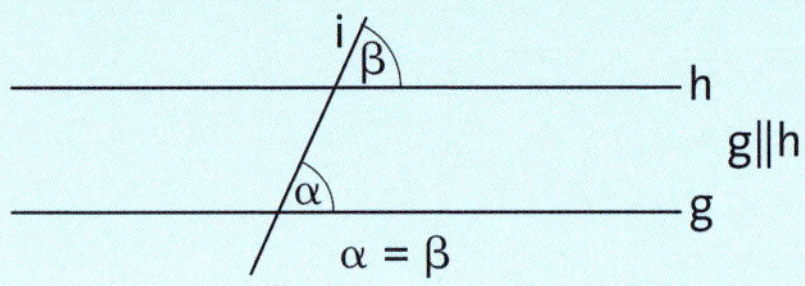

Wechselwinkel liegen auf verschiedenen Seiten von g und h sowie auch auf unterschiedlichen Seiten von i. Man nennt sie auch Z-Winkel. Wechselwinkel an Parallelen sind gleich groß.

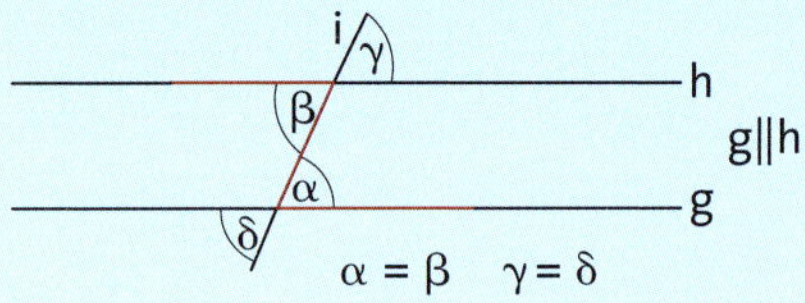

Winkelarten werden nach Größe unterschieden

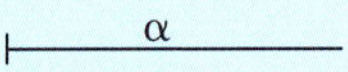

Nullwinkel ($\alpha = 0°$)

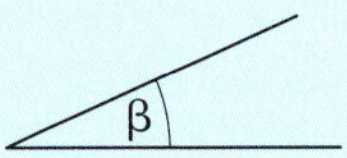

spitzer Winkel ($\beta < 90°$)

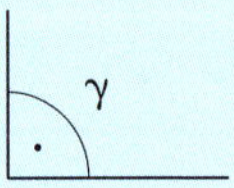

rechter Winkel ($\gamma = 90°$)

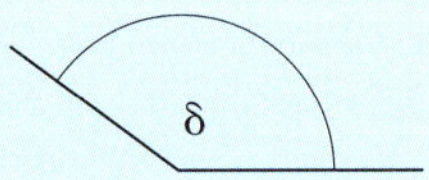

stumpfer Winkel $90° < \delta < 180°$

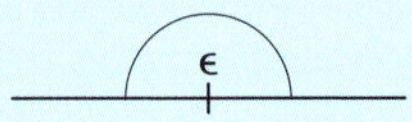

gestreckter Winkel ($\epsilon = 180°$)

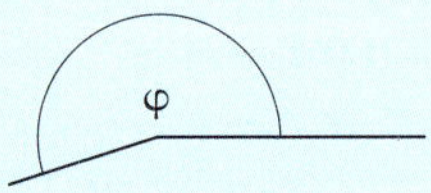

überstumpfer Winkel ($180° < \varphi < 360°$)

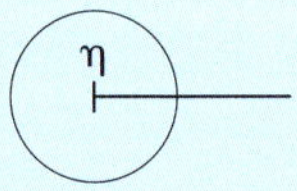

Vollwinkel ($\eta = 360°$)

ÜBUNG 9 **Gib zu jedem Winkel die Winkelart an.**
Beispiel: spitzer Winkel, stumpfer Winkel usw.

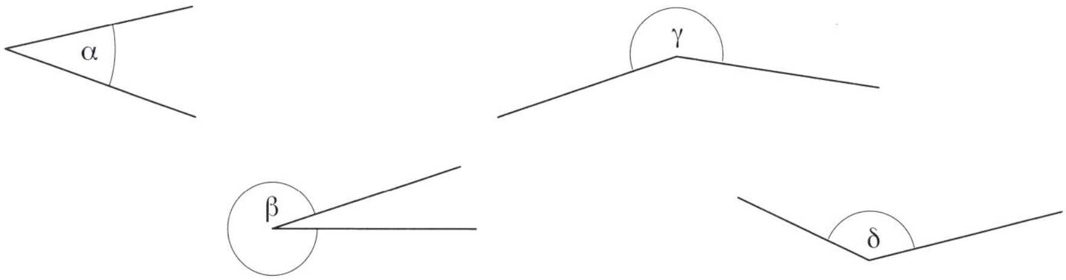

ÜBUNG 10 **Zeichne zu ϵ jeweils die angegebenen Winkel ein (es sind mehrere Lösungen möglich). Die Geraden g und h sind parallel.**

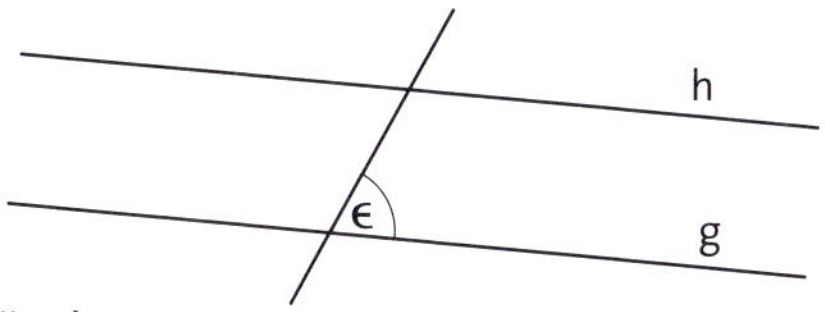

a) Scheitelwinkel (α)
   Nebenwinkel (β)
   Stufenwinkel (γ)
   Wechselwinkel (δ)
b) Welche Winkel sind gleich groß? Begründe.

ÜBUNG 11 **Färbe gleich große Winkel in der gleichen Farbe. Die Geraden b und c sind parallel. Die Gerade a steht senkrecht auf d.**

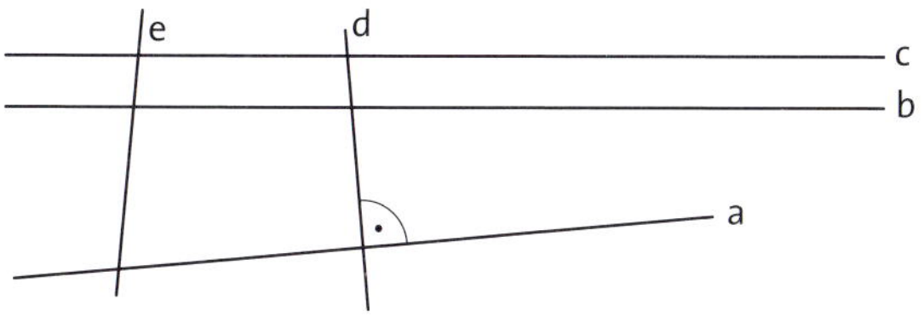

ÜBUNG 12 **Wie groß sind α und β, wenn …**

a) α 34° beträgt und β der Scheitelwinkel zu α ist?
b) α um 20° größer ist als sein Nebenwinkel β?
c) α um 110° größer ist als sein Nebenwinkel β?
d) α doppelt so groß ist wie sein Nebenwinkel β?

ÜBUNG 13 **Welchen Winkel überstreicht der Minutenzeiger in den angegebenen Zeitspannen? (Tipp: Überlege dir, welchen Winkel der Minutenzeiger in einer Minute überstreicht.)**

a) 12.00 Uhr bis 12.20 Uhr
b) 12.54 Uhr bis 13.07 Uhr
c) 23.11 Uhr bis 0.33 Uhr
d) 10.30 Uhr bis 13.00 Uhr

WISSEN

Winkelhalbierende
Eine Gerade, die einen Winkel halbiert, heißt **Winkelhalbierende.**
Schneiden sich zwei Geraden, so kannst du zwei Winkelhalbierende einzeichnen.
An einer solchen **Geradenkreuzung** stehen die beiden Winkelhalbierenden **senkrecht** aufeinander.

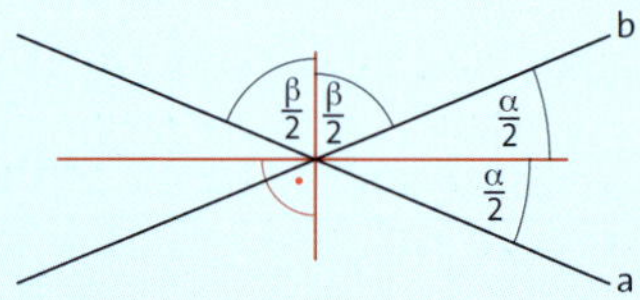

ÜBUNG 14 **Betrachte die Zeichnung im oberen Kasten. Es sei $\alpha = 50°$.**

a) Wie groß ist dann β? Begründe deine Antwort.
b) Übertrage die Zeichnung mit Winkel $\alpha = 50°$ in dein Übungsheft. Bestimme zunächst alle weiteren Winkel, überprüfe anschließend durch Messen.

ÜBEN

ÜBUNG 15 **Wie groß sind jeweils α, β und γ? Begründe.**

a) Die Geraden a und b sind parallel, c und d bilden einen rechten Winkel.

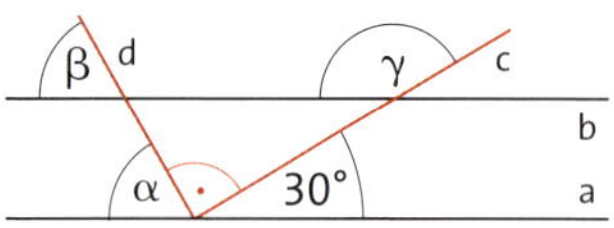

b) Die Gerade a halbiert den rechten Winkel, der von c und d gebildet wird.

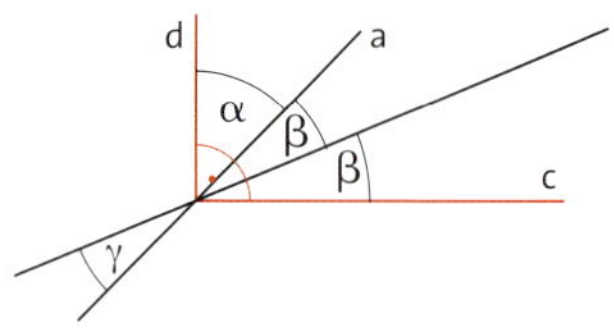

WISSEN

Nachbarwinkel
Schneidet eine Gerade i zwei parallele Geraden g und h, liegen Nachbarwinkel auf der selben Seite von i, aber auf unterschiedlichen Seiten von g und h.
Nachbarwinkel an Parallelen ergänzen sich zu 180°.

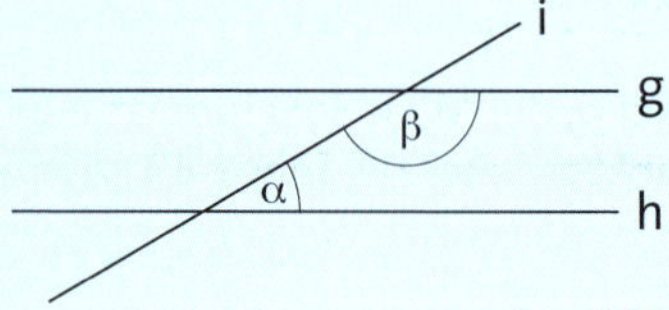

$\alpha + \beta = 180°$

ÜBUNG 16 **Betrachte die Zeichnung im unteren Kasten. Begründe, wieso Nachbarwinkel an Parallelen zusammen 180° ergeben. Nutze dafür deine Kenntnisse über Winkel an Parallelen.**

5.3 Kreise

Alle Punkte, die von einem Punkt M den gleichen Abstand r haben, liegen auf einem **Kreis** (einer **Kreislinie**). M heißt **Mittelpunkt,** r heißt **Radius** des Kreises.

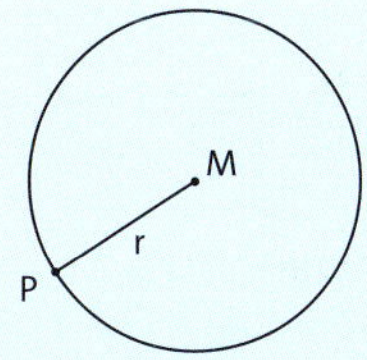

Jede Verbindungsstrecke zwischen einem Punkt P der Kreislinie und M heißt ebenfalls **Radius** r des Kreises. Ein Kreis um M mit dem Radius r wird mit **K (M; r)** bezeichnet.

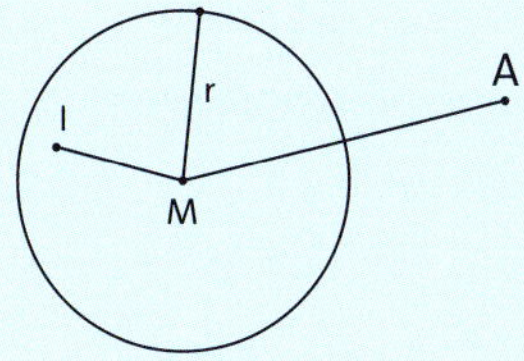

Alle Punkte I, deren Abstand zu M kleiner ist als r, liegen **innerhalb (im Inneren)** des Kreises. Alle Punkte A, deren Abstand zu M größer ist als r, liegen **außerhalb** des Kreises.

Jede Verbindungsstrecke von zwei Punkten der Kreislinie heißt **Sehne** S. Jede Sehne, die durch M verläuft, heißt **Durchmesser** d. Es gilt: $d = 2 \cdot r$.

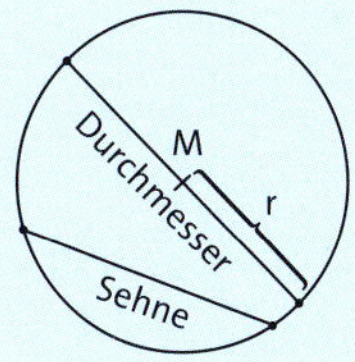

Schneiden sich zwei Kreise, unterscheidet man:

- Die Punkte der hellblauen Fläche sind von M_1 weniger als r_1 und von M_2 mehr als r_2 entfernt.
- Die Punkte der rosafarbenen Fläche sind von M_1 weniger als r_1 und von M_2 weniger als r_2 entfernt.
- Die beiden Schnittpunkte S_1 und S_2 haben zu M_1 den Abstand r_1 und zu M_2 den Abstand r_2.

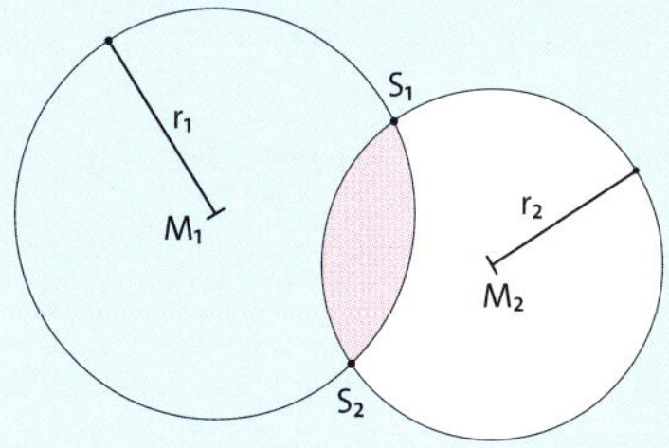

Ein Winkel α, der M als Scheitel hat, heißt **Mittelpunktswinkel** zur Sehne AB, wenn seine Schenkel die Kreislinie in den Punkten A und B schneiden.

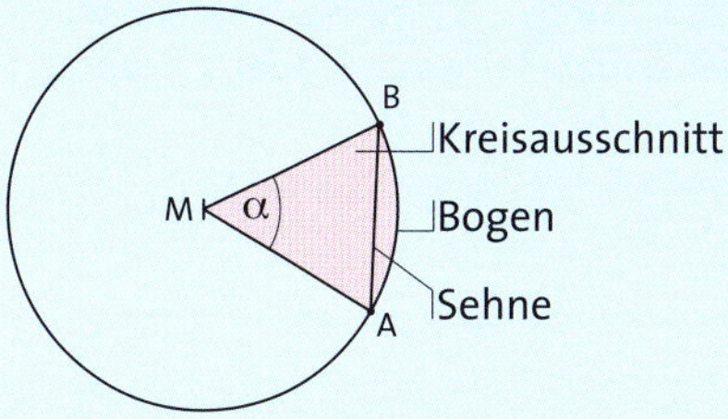

ÜBUNG 17 **Zeichne in dein Übungsheft ...**

a) einen Kreis um einen Mittelpunkt M_1 mit dem Radius r = 3 cm.
b) einen Kreis mit dem Durchmesser d = 5 cm um einen Mittelpunkt M_2.

ÜBUNG 18 **Bearbeite die Aufgabe in deinem Übungsheft.**

a) Wo liegen alle Punkte, die von einem Punkt A den Abstand 4 cm haben? Zeichne.
b) Färbe den Bereich, in dem alle Punkte liegen, deren Abstand zu A kleiner ist als 4 cm.

ÜBUNG 19 **Zeichne die Kreismuster in dein Übungsheft (der Radius des großen Kreises beträgt 4 cm).**

a)
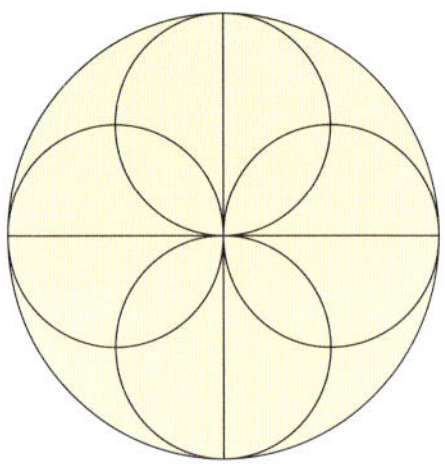
b)
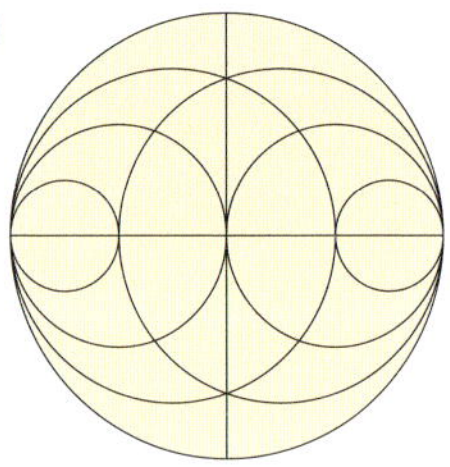
c)
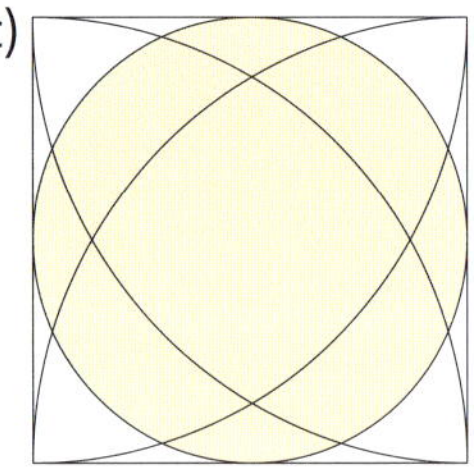

ÜBUNG 20 **Vervollständige den Teddybären, indem du die fehlende Hälfte nach dem Vorbild mit Zirkel und Lineal konstruierst.**

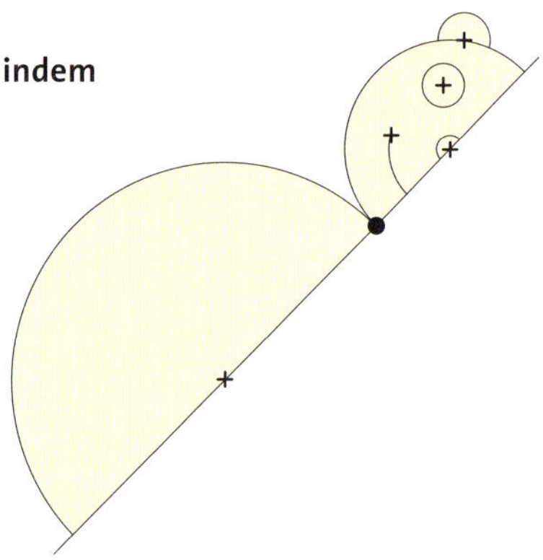

ÜBUNG 21 **Bearbeite die Aufgaben zum Kreis in deinem Übungsheft.**

a) Markiere einen Punkt M und zeichne K (M; 4 cm). Markiere einen Punkt N auf der Kreislinie und zeichne den Kreis K (N; 2,5 cm).
b) Wo liegen alle Punkte, die von M mehr als 4 cm und von N weniger als 2,5 cm entfernt sind? Färbe den Bereich.
c) Wo liegen alle Punkte, die von N mehr als 2,5 cm und von M weniger als 4 cm entfernt sind? Färbe den Bereich.
d) Markiere die Punkte, die von M 4 cm und von N 2,5 cm entfernt sind.
e) Wie lang ist die zugehörige Sehne?
f) Miss den Mittelpunktswinkel zur Sehne aus e). Der zugehörige Scheitel sei M.

ÜBEN

ÜBUNG 22 **Wie können zwei Kreise mit unterschiedlichen Radien liegen, deren Kreislinien keine gemeinsamen Punkte haben? Skizziere alle Möglichkeiten und beschreibe die Lage der Kreise mit Worten.**

ÜBUNG 23 **Der Hund Lucky ist an einer 5 m langen Leine an einem Pfahl P angebunden.**

a) Zeichne in dein Übungsheft den Bereich, den ein Briefträger besser meiden sollte. Zeichne 1 cm für 1 m.
b) Der Briefträger gibt seinem Kollegen einen Tipp: „Wenn du den Hund liegen siehst, musst du von dieser Stelle nur mindestens fünf Meter Abstand halten, dann kann dir nichts passieren.“ Hat er recht? Wie groß muss der Mindestabstand sein? (Tipp: Skizziere verschiedene Möglichkeiten.)
c) Nun hat sein Herrchen für Lucky etwas Neues konstruiert: Die Leine endet in einem Ring, der an einer 8 Meter langen Stange entlanggleiten kann (siehe Abbildung). Zeichne den Bereich, in dem sich Lucky jetzt bewegen kann. Genügen nun 10 Meter Sicherheitsabstand von Luckys Aufenthaltsort?

WISSEN

Umfang des Kreises – die Zahl π
Um den Umfang eines Kreises, also die Länge der Kreislinie, zu berechnen, benötigt man die Kreiszahl π („Pi“). Von π benutzt man meist einen Näherungswert: $\pi \approx$ **3,142**.
Den **Umfang** eines Kreises können wir berechnen mit $U = 2 \cdot \pi \cdot r = \pi \cdot d$.

Ein Kreis mit dem Radius r = **2** cm hat den Umfang
$U = 2 \cdot \pi \cdot \mathbf{2}\,\text{cm} = (\pi \cdot 4)\,\text{cm} \approx$
$\approx (3{,}142 \cdot 4)\,\text{cm} = 12{,}568\,\text{cm}$

ÜBUNG 24 **Eine Firma entwickelt ein neues elektrisches Spielzeug. Darin soll ein Elektromotor über ein Antriebsrad (eine kreisförmige Antriebsscheibe) den Schieber S bewegen.**

a) Wie weit kann sich der Schieber maximal hin- und herbewegen? (In der Abbildung sind zwei Positionen des Schiebers in rot und blau gezeichnet.)
b) Das Antriebsrad soll mit Gummi ummantelt werden. Wie lang muss der Gummistreifen sein, der aufgeklebt wird?

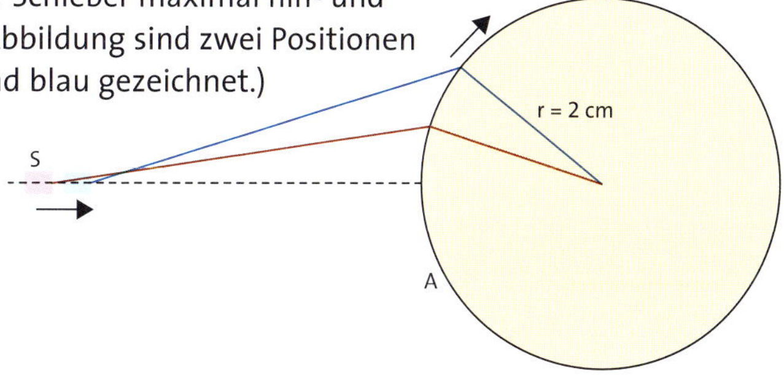

KLASSENARBEIT 1

60 Minuten

AUFGABE 1 **Zeichne die folgenden Winkel und bestimme die Winkelart.**

a) $\alpha = 135°$ b) $\beta = 90°$ c) $\gamma = 68°$ d) $\delta = 345°$

AUFGABE 2 **In der Figur sind die Geraden h_2 und h_3 parallel. Entscheide, ob folgende Aussagen wahr oder falsch sind und begründe deine Antwort.**

a) $\alpha_7 = \alpha_6$
b) $\alpha_2 = \alpha_8$
c) $\alpha_5 = \alpha_6$
d) $\alpha_1 = \alpha_2$
e) $\alpha_4 = \alpha_5$

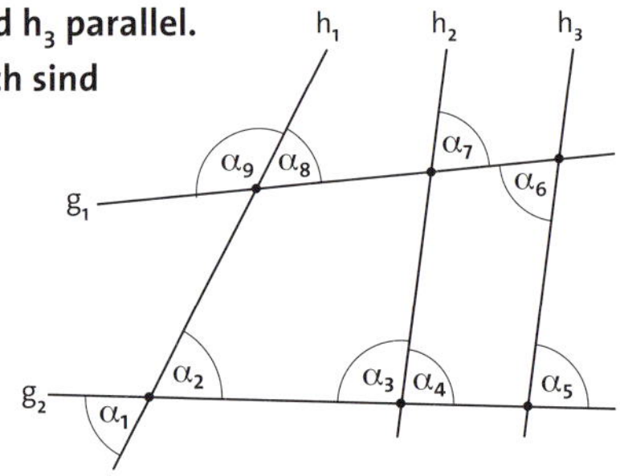

AUFGABE 3 **Trage mit farbigen Kreisbögen die folgenden Winkel ein.**

$\alpha = \sphericalangle ag$
$\beta = \sphericalangle BAE$
$\gamma = \sphericalangle ed$
$\delta = \sphericalangle ABE$
$\epsilon = \sphericalangle bc$
$\varphi = \sphericalangle EDC$

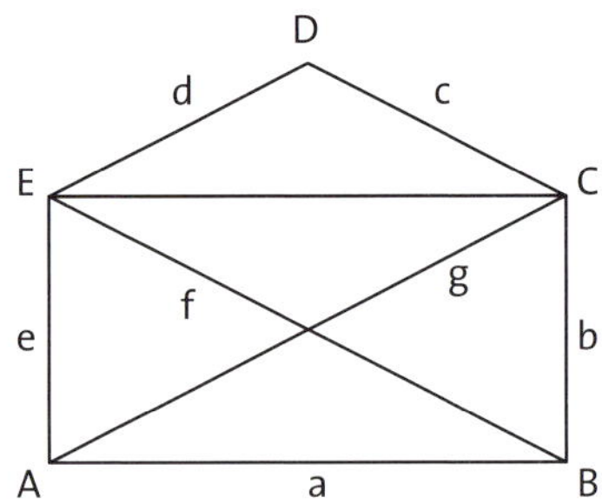

AUFGABE 4 **Wie groß sind α, β, γ und δ? Begründe. (Tipp: a und b sind parallel.)**

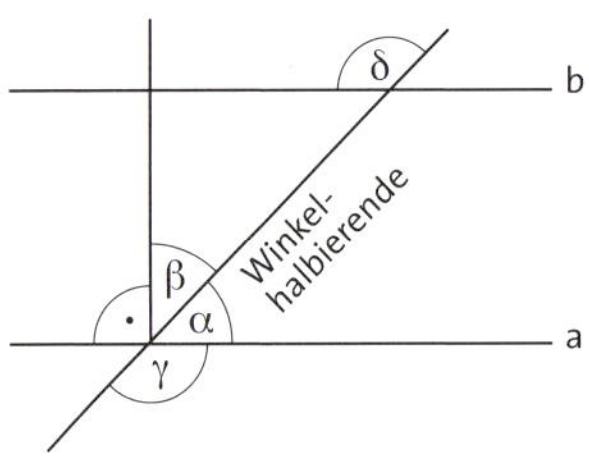

AUFGABE 5 **Berechne.**

a) Welchen Winkel überstreicht der Minutenzeiger einer Uhr in 18 Minuten?
b) Wie viel Zeit benötigt der Minutenzeiger einer Uhr, um einen Winkel von 12° zu überstreichen?

AUFGABE 6 **Zeichne zwei Punkte A und B im Abstand von 5 cm. Zeichne bzw. färbe die Bereiche, in denen sich die Punkte befinden, die ...**

a) mehr als 3 cm von A und weniger als 4 cm von B entfernt sind.
b) genau 4 cm von B und mehr als 3 cm von A entfernt sind.
c) mehr als 3 cm von A und mehr als 4 cm von B entfernt sind.
d) weniger als 3 cm von A und weniger als 4 cm von B entfernt sind.

AUFGABE 7 **Wie groß sind α und β, wenn ...**

a) α 72° beträgt und β der Nebenwinkel zu α ist?
b) α um 40° größer ist als sein Nebenwinkel β?
c) α halb so groß ist wie sein Nebenwinkel β?

AUFGABE 8 **Zeichne einen Kreis mit Radius r = 3 cm.**

a) Zeichne einen Mittelpunktswinkel der Größe 60° ein.
b) Zeichne die zugehörige Sehne ein und miss ihre Länge.
c) Wie lang ist der zugehörige Kreisbogen?

AUFGABE 9 **Zeichne ein Quadrat mit der Seitenlänge 4 cm; zeichne die Diagonalen ein und markiere den Diagonalenschnittpunkt M. Zeichne – wenn möglich – Kreise um M, die mit dem Quadrat ...**

a) 4 gemeinsame Punkte haben.
b) 8 gemeinsame Punkte haben.
c) keine gemeinsamen Punkte haben.

AUFGABE 10 **Simon will eine Uhr in einen Holzrahmen montieren. Der Rahmen ist quadratisch und hat eine Kantenlänge von 50 cm.**

a) Welchen Radius kann das kreisrunde Zifferblatt höchstens haben? Zeichne diesen Fall in einem geeigneten Maßstab.
b) Simon montiert nun die Uhrzeiger. Als er fertig ist, weist der Minutenzeiger auf die 12, der Stundenzeiger zeigt auf die 2. Welchen Winkel schließen die beiden Zeiger ein?
c) Simon stellt die Zeiger nun auf die aktuelle Uhrzeit. Der Minutenzeiger weist auf die 6 und schließt mit dem Stundenzeiger einen Winkel von 75° ein (der Minutenzeiger soll der 1. Schenkel sein). Wie viel Uhr ist es?
d) Bestimme den Umfang des Zifferblattes.

TESTEN

KLASSENARBEIT 2

45 Minuten

AUFGABE 11 **Zeichne einen Kreis mit Radius 4 cm um einen beliebigen Punkt M. Markiere einen beliebigen Punkt P auf der Kreislinie und zeichne um P einen weiteren Kreis mit Radius 4 cm. Verbinde nun die Schnittpunkte der beiden Kreise mit M. Welchen Winkel schließen diese beiden Strecken ein?**

AUFGABE 12 **Trage in der Abbildung die angegebenen Winkel ein.**

a) $\alpha = \sphericalangle ABC$ b) $\beta = \sphericalangle ADB$ c) $\gamma = \sphericalangle ea$

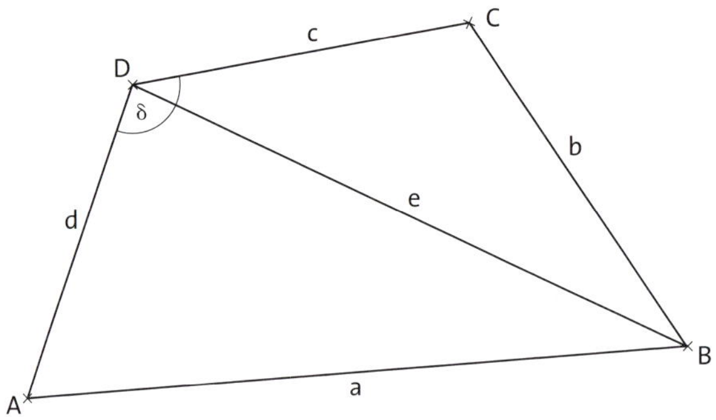

AUFGABE 13 **Bezeichne in der obigen Abbildung den Winkel δ mithilfe von …**

a) Strecken: $\delta =$ b) Punkten: $\delta =$

AUFGABE 14 **Bestimme bei den Winkeln α, β, γ und δ aus den Aufgaben 12 und 13 die Winkelart.**

α: β:

γ: δ:

AUFGABE 15 **Ein Laternenmast wirft einen 5 m langen Schatten, wenn die Sonnenstrahlen in einem Winkel von 40° auf den Boden treffen (siehe Skizze). Wie hoch ist die Laterne?**

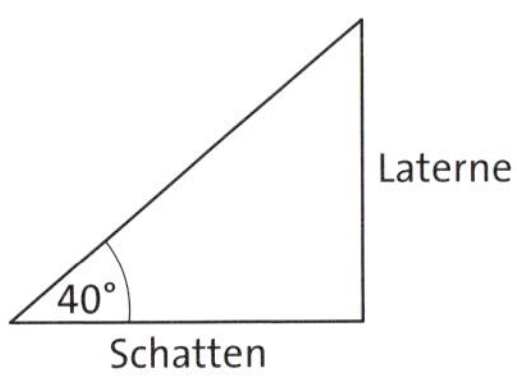

TESTEN

AUFGABE 16 **Daniel hat ein rechteckiges Gartengrundstück mit den Seitenlängen 40 m und 30 m. Er stellt genau in der Mitte seines Grundstücks einen Rasensprenger auf, der eine kreisrunde Fläche beregnet.**

a) Wie weit muss der Strahl spritzen, damit wirklich das gesamte Grundstück bewässert wird? Konstruiere.
b) Wie weit muss Daniel den Strahl einstellen, damit dieser nicht über die Grundstücksgrenze hinweg spritzt?
c) Wie groß ist dann die Fläche, die nicht beregnet wird?

AUFGABE 17 **Beantworte folgende Fragen. (Tipp: Eine Skizze hilft dir. Du sollst die Aufgaben jedoch durch Rechnung lösen, nicht durch Konstruktion.)**

a) Wie groß ist der Winkel, den der Minutenzeiger einer Uhr in der Zeit von 9.45 Uhr bis 10.10 Uhr überstreicht?
b) In welcher Zeit dreht sich der Stundenzeiger einer Uhr um 120°?
c) Wie groß ist der kleinere der beiden Winkel, die der Stunden- und der Minutenzeiger um 20 Uhr bilden? Wie groß ist dann der größere Winkel?
d) Bezeichne den kleineren Winkel aus c) mithilfe der Abkürzungen s für den Stunden- und m für den Minutenzeiger.
e) Wie viel Uhr ist es, wenn der Minutenzeiger m auf die 12 zeigt und es gilt $\sphericalangle$ sm = 300°?
f) Der große Zeiger hat sich um 420° gedreht. Wie viel Zeit ist vergangen?

AUFGABE 18 **Die Eishockeymannschaft „Crazy Dogs“ hat Training. Mark und Tobias passen nicht auf und es kommt es zu einem heftigen Zusammenstoß (siehe Abbildung). Berechne mithilfe der Winkelgesetze, unter welchem Aufprallwinkel sich die beiden bei diesem sogenannten „Bodycheck“ treffen.**

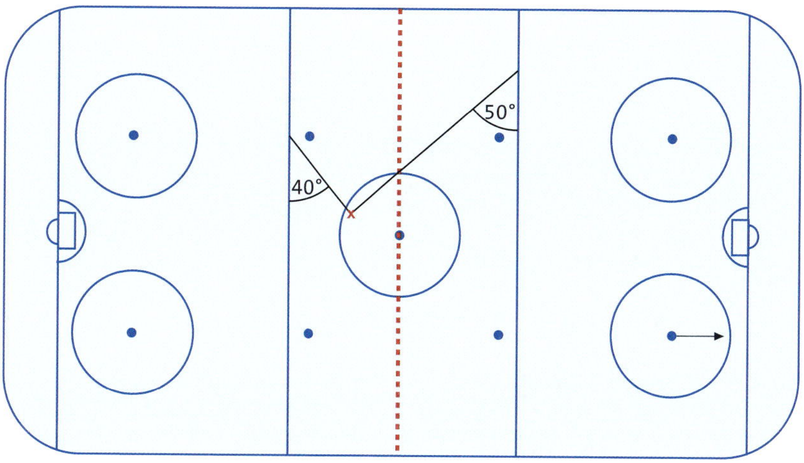

TESTEN

6 Verschieben, Drehen, Spiegeln

6.1 Verschiebungen

Eine **Verschiebung** ist eine Abbildung, die durch einen **Verschiebungspfeil** $\vec{v}$ eindeutig festgelegt wird. Der Pfeil bestimmt die **Länge** (den Betrag) und die **Richtung** der Verschiebung.

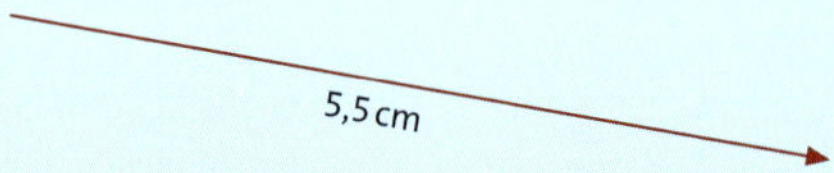

Jedem Originalpunkt P wird eindeutig ein Bildpunkt P' zugeordnet. Die Pfeile von allen Punkten der Originalfigur zu den entsprechenden Bildpunkten sind **parallel** zueinander.
Das **Original** und sein **Bild** sind **kongruent** (deckungsgleich).

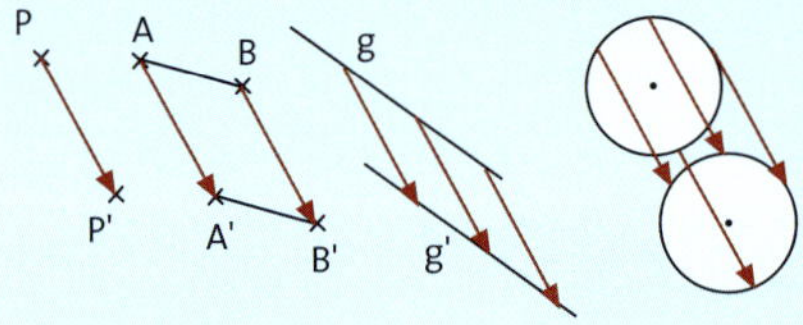

Verschiebung eines Punktes P:
1. Miss die Länge des Verschiebungspfeils.
2. Lege das Geodreieck mit der Null an P, sodass die Linealkante (Grundseite) parallel zum Verschiebungspfeil liegt.
3. Trage die Länge des Verschiebungspfeils ab und markiere den **Bildpunkt P'**.

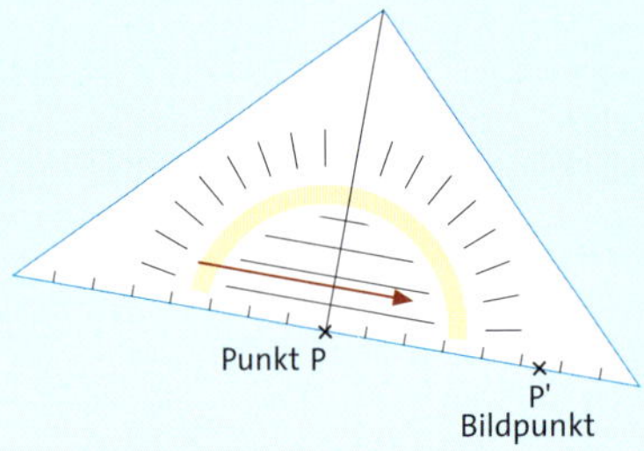

Die Angabe eines Verschiebungspfeils kann auch in Worten erfolgen: „Verschiebe das Viereck um 3 cm nach rechts und um 1 cm nach oben.“

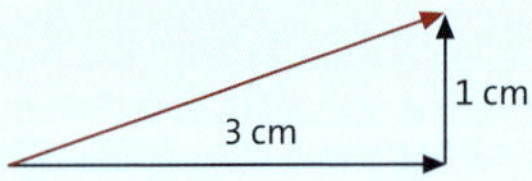

Es genügt meist, wichtige Punkte einer Figur (z. B. Eckpunkte) zu verschieben. Für Verschiebungen gilt nämlich:
- Das Bild einer Strecke ist eine gleich lange parallele Strecke.
- Das Bild eines Winkels ist ein gleich großer Winkel.
- Das Bild einer Geraden ist eine zu ihr parallele Gerade.
- Das Bild eines Kreises ist ein Kreis mit demselben Radius.

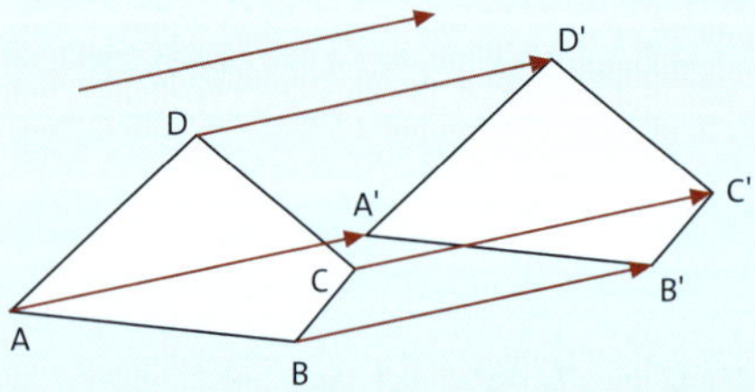

Verschiebe die Eckpunkte und verbinde die Bildpunkte durch Strecken.

ÜBUNG 1 Verschiebe die Figuren so, wie es der Verschiebungspfeil (rot) angibt. Zeichne in dein Übungsheft.

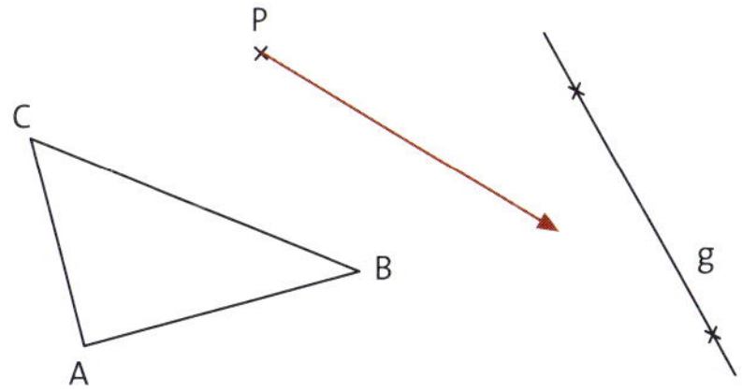

ÜBUNG 2 Beschreibe die Verschiebung aus Übung 1: Gib ihre Länge in Zentimetern an und ihre Richtung als Uhrzeit (Beispiel: „senkrecht nach unten“ ist 6 Uhr).

ÜBUNG 3 Es gibt eine Verschiebung, die A auf D abbildet. Zeichne dafür einen Pfeil und verschiebe damit die gesamte Figur. Zeichne in dein Übungsheft.

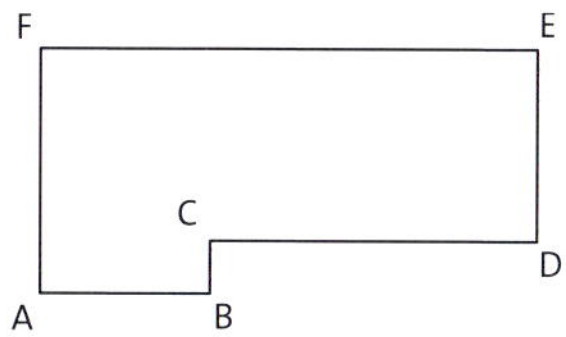

WISSEN

Verschiebungssymmetrie
Eine Figur heißt **verschiebungssymmetrisch**, wenn sie durch eine Verschiebung auf sich selbst abgebildet werden kann. Eine solche Figur heißt auch **Ornament**.

ÜBUNG 4 In dem abgebildeten Muster kann man mehrere Verschiebungssymmetrien entdecken. Setze es entsprechend fort.

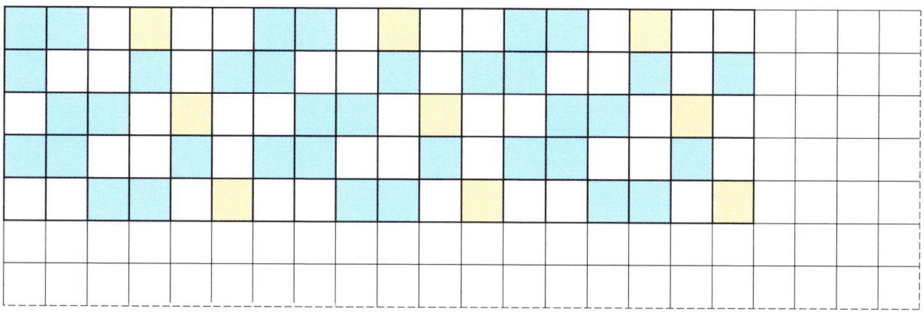

ÜBUNG 5 Einen Kreis verschiebt man, indem man seinen Mittelpunkt verschiebt und den Radius beibehält. Miss das Muster aus, übertrage es in dein Übungsheft und setze es nach rechts fort.

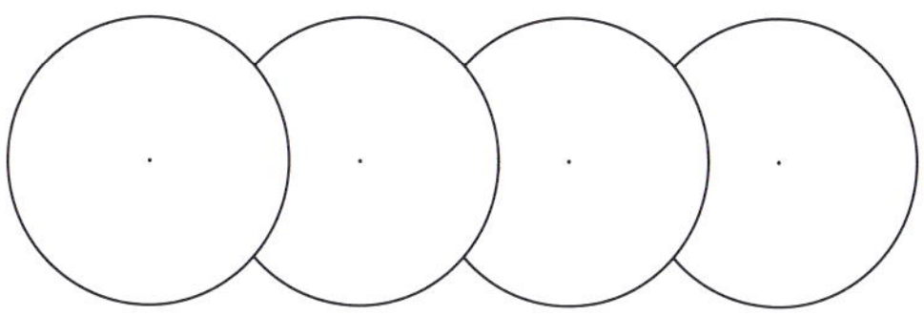

6.2 Drehungen

Eine **Drehung** ist eine Abbildung, die durch Angabe eines **Drehzentrums** Z und eines **Drehwinkels** α eindeutig festgelegt wird.

Bei einer Drehung wandern die Punkte entgegen dem Uhrzeigersinn auf Kreisbögen um Z.

Das **Original** und sein **Bild** sind **kongruent** (deckungsgleich). Jedem Originalpunkt P wird eindeutig ein Bildpunkt P' zugeordnet.

Das Zentrum Z wird auf sich selbst abgebildet **(Fixpunkt).**

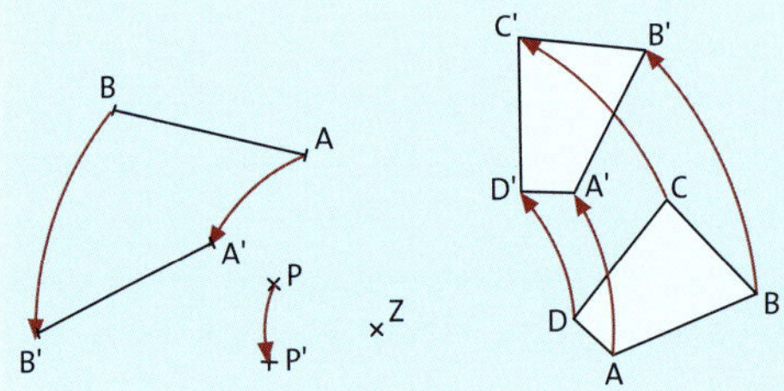

Drehwinkel α = 38°

Drehung eines Punktes P:
1. Zeichne eine Gerade durch Z und P.
2. Trage den Drehwinkel (entgegen dem Uhrzeigersinn) an.
3. Übertrage (durch Abmessen oder mit dem Zirkel) die Länge der Strecke ZP auf den zweiten Schenkel. Markiere darauf den Bildpunkt P'.

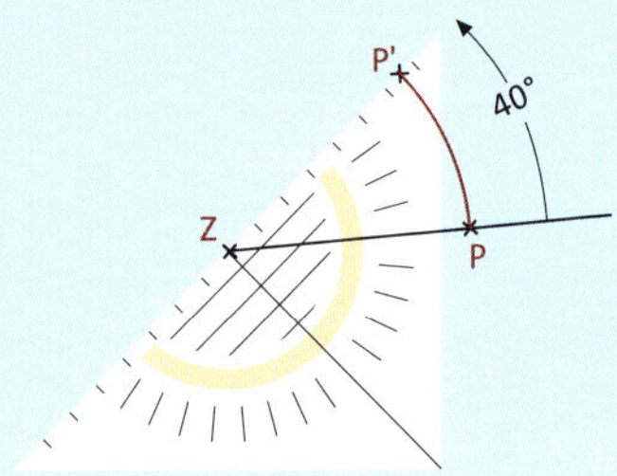

Es genügt meist, wichtige Punkte einer Figur (z. B. Eckpunkte) zu drehen.
Für Drehungen gilt nämlich:
- Das Bild einer Strecke ist eine gleich lange Strecke.
- Das Bild eines Winkels ist ein gleich großer Winkel.
- Das Bild einer Geraden ist eine Gerade.
- Das Bild eines Kreises ist ein Kreis mit demselben Radius.

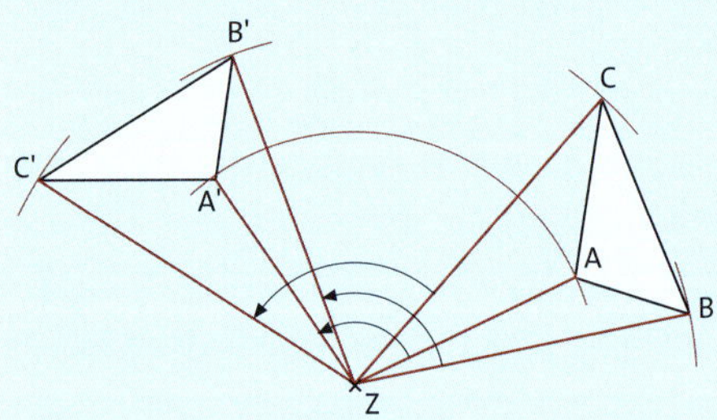

Eine Figur heißt **drehsymmetrisch,** wenn sie durch eine Drehung auf sich selbst abgebildet werden kann.
Ist eine Figur z. B. symmetrisch bei Drehung um 40°, so ist sie es auch bei Drehung um Vielfache von 40°, also um 80°, 120°, 160°, 200° usw.

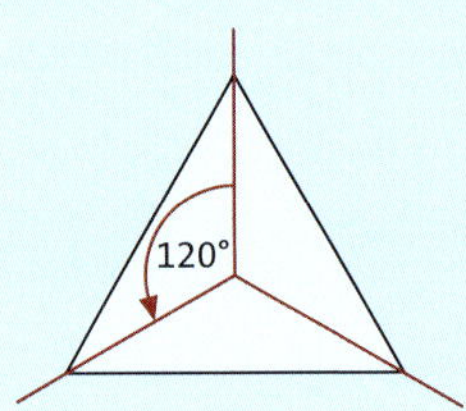

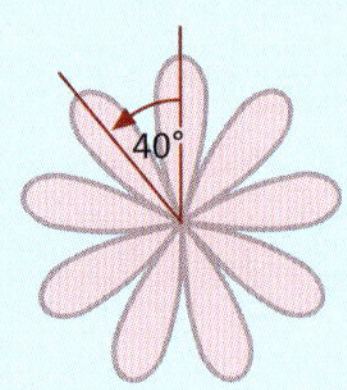

ÜBUNG 6 Die Punkte P, Q und R wurden jeweils mittels unterschiedlicher Drehwinkel um das Zentrum Z auf die Punkte P', Q' und R' abgebildet. Zeichne die einzelnen Drehwinkel ein und miss ihre Größe.

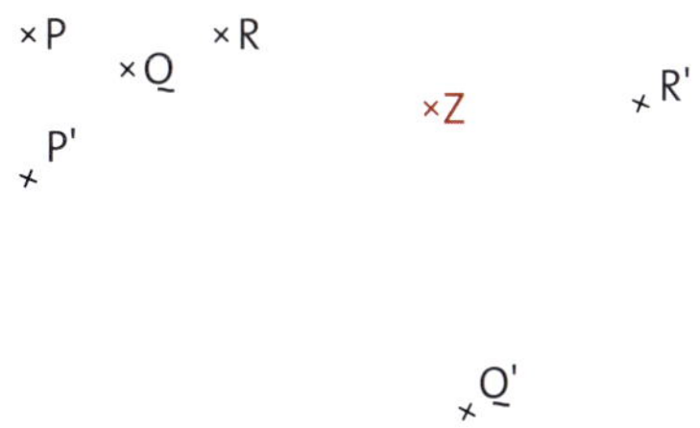

ÜBUNG 7 Trage die Punkte A (4|1), B (7|1), C (7|5) und Z (2|2) in ein Koordinatensystem ein. Drehe das Dreieck ABC um den Punkt Z mit einem Drehwinkel von 50°. Wie lauten die Koordinaten der Eckpunkte A', B', C' des gedrehten Dreiecks?
Zur Auffrischung: Der erste Wert (Rechtswert) gibt jeweils an, wie viele Einheiten rechts vom Ursprung, der zweite Wert (Hochwert) gibt jeweils an, wie viele Einheiten oberhalb des Ursprungs der betreffende Punkt liegt.

ÜBUNG 8 Gib zu jeder der Figuren die Drehung mit dem kleinsten Winkel an, unter der die Figur auf sich selbst abgebildet wird.

ÜBUNG 9 Zeichne ein Rechteck mit den Seitenlängen 5 cm und 1,5 cm. Drehe es um 60° um einen seiner Eckpunkte. Drehe das Bildrechteck auch wieder um 60° um diesen Eckpunkt. Führe die Zeichnung so weiter, bis du wieder die Ausgangsfigur erreicht hast.

ÜBUNG 10 Zeichne aus neun Kreisen eine achtblättrige Blume. Konstruiere die Blütenblätter durch 45°-Drehungen um das Zentrum der Blume.

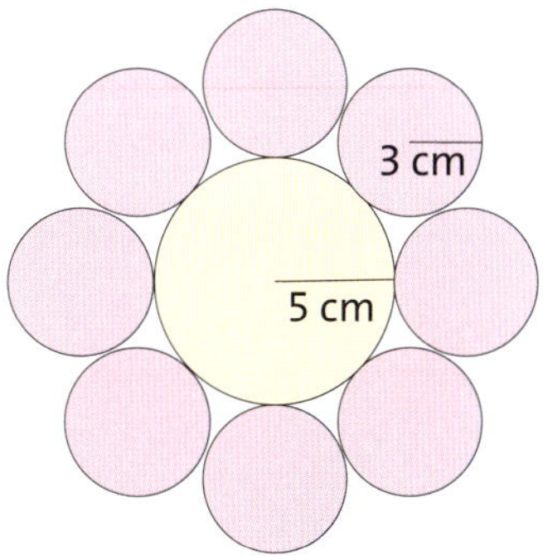

ÜBUNG 11 Zeichne eine Figur, die durch eine 36°-Drehung auf sich abgebildet wird. (Hinweis: Hierfür gibt es verschiedene Lösungsmöglichkeiten.)

6.3 Spiegelungen

Punktspiegelung

Eine **Punktspiegelung** ist eine Drehung (↗ Kap. 6.2) um 180°.

Punktspiegelung eines Punktes P:
1. Lege das Geodreieck mit der Null so an das **Spiegelzentrum** Z, dass die Linealkante (Grundseite) durch P geht.
2. Übertrage die Entfernung von P zu Z auf die andere Seite der Linealkante. Markiere den Bildpunkt P'.

Es genügt, wichtige Punkte zu spiegeln, denn Strecken und Winkel bleiben bei der Punktspiegelung gleich groß; Geraden werden auf Geraden und Kreise werden auf Kreise mit gleichem Radius abgebildet.

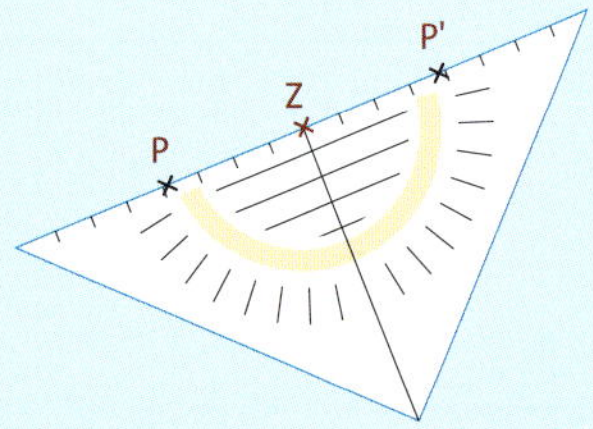

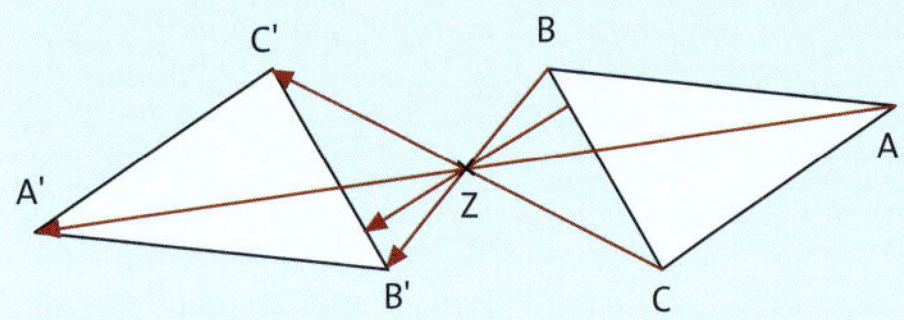

Achsenspiegelung

Eine **Achsenspiegelung** ist eine Abbildung, die durch Angabe einer **Spiegelachse g** eindeutig festgelegt ist. Die Punkte einer Figur werden entlang der **Spiegelachse** auf deren andere Seite gespiegelt. **Original** und **Bild** sind **kongruent** (deckungsgleich). Jedem Originalpunkt P wird eindeutig ein Bildpunkt P' zugeordnet. Alle Punkte von g werden auf sich selbst abgebildet.

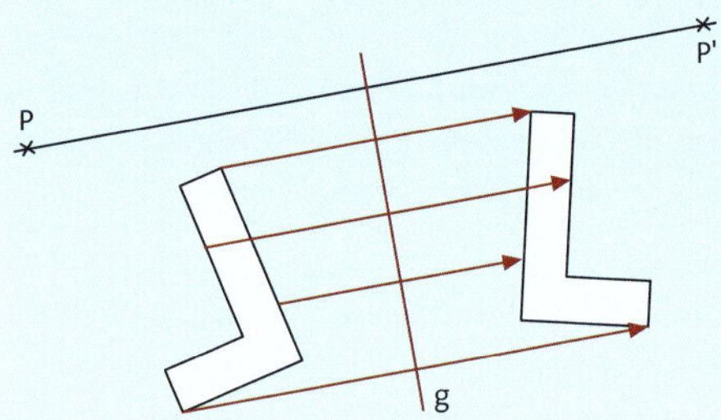

Achsenspiegelung eines Punktes P:
1. Lege die Mittellinie des Geodreiecks so auf g, dass seine Linealkante (Grundseite) durch P geht.
2. Übertrage die Entfernung von P zu g auf die andere Seite der Linealkante und markiere den Bildpunkt P'.

Es genügt, wichtige Punkte zu spiegeln, denn Strecken und Winkel bleiben bei der Achsenspiegelung gleich groß; Geraden werden auf Geraden und Kreise werden auf Kreise mit gleichem Radius abgebildet.

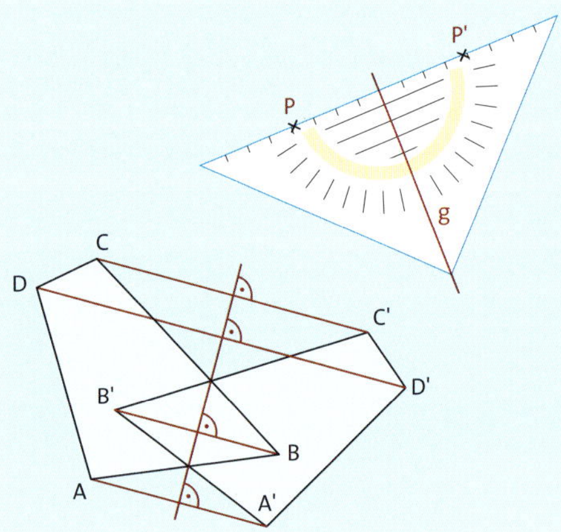

ÜBUNG 12 **Zeichne die folgenden Punkte A (5|5), B (4|2), C (5|0), Q (3|0), R (4|6) und Z (6|3) in ein Koordinatensystem. Zeichne das Dreieck ABC und die Gerade g durch Q und R ein.**

a) Konstruiere das Dreieck A'B'C' durch Spiegelung von ABC an der Achse g.
b) Konstruiere das Dreieck A''B''C'' durch Spiegelung von ABC am Punkt Z.

ÜBUNG 13 **Führe mithilfe des Geodreiecks je eine Achsenspiegelung aus. Die Spiegelachse ist jeweils rot gestrichelt gezeichnet.**
(Tipp: Eine Spiegelachse kann auch innerhalb einer Figur liegen. Die Bilder der (Eck-)Punkte liegen dabei immer auf der jeweils anderen Seite der Achse.)

ÜBUNG 14 **Spiegle jede der Figuren am eingezeichneten Spiegelzentrum Z.**

ÜBUNG 15 **Spiegle jede der Figuren mithilfe der Kästchen an der eingezeichneten Spiegelachse.**

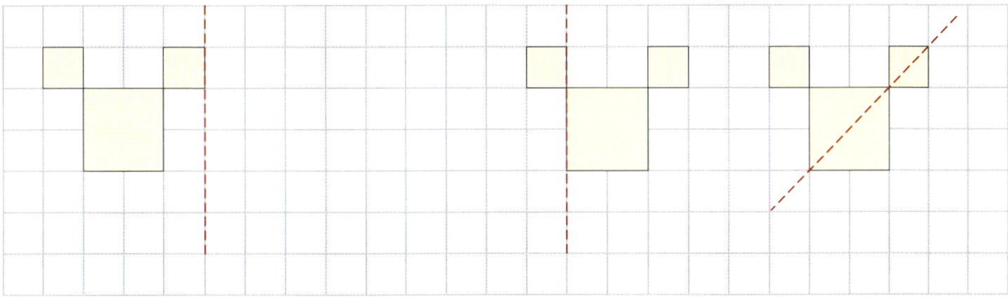

ÜBEN

WISSEN

Punkt- und achsensymmetrische Figuren
Lässt sich eine Figur durch eine Punktspiegelung auf sich selbst abbilden, so heißt sie **punktsymmetrisch.**
Drehe zur Probe das Buch um 180°.
Die oberen vier Figuren ändern ihr Aussehen nicht.

Figuren, die durch eine Achsenspiegelung auf sich selbst abgebildet werden können, nennt man **achsensymmetrisch.** Achsensymmetrische Figuren können auch mehrere **Symmetrieachsen** haben.

ÜBUNG 16 **Zeichne in jede der Figuren alle Symmetrieachsen ein. (Tipp: Drehe das Buch und betrachte die Figuren aus unterschiedlichen Blickwinkeln.)**

ÜBUNG 17 **Gib zu jeder Figur an, ob sie punkt- oder achsensymmetrisch (oder beides) ist. Nenne außerdem zu jeder achsensymmetrischen Figur die Anzahl der Symmetrieachsen.**

a) b) c) d)

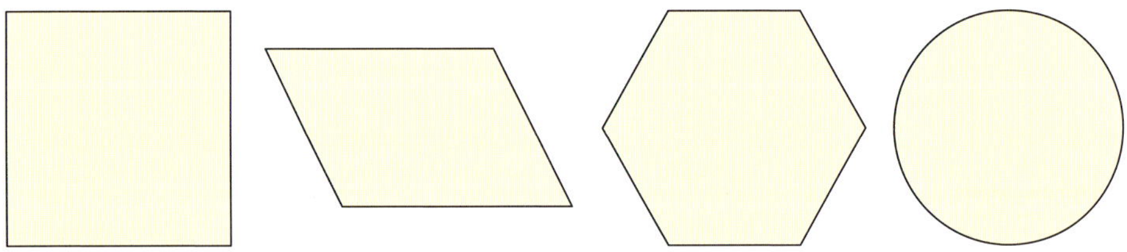

ÜBUNG 18 **Überprüfe den unten stehenden Satz an einem Beispiel. Führe dazu an einem Dreieck nacheinander zwei Achsenspiegelungen durch und kontrolliere mithilfe einer Punktspiegelung.**

Satz: Spiegelt man eine Figur an einer Spiegelachse und dann ihr Bild nochmals an einer zweiten Achse, die orthogonal (rechtwinklig) zur ersten Spiegelachse steht, so entspricht die Abbildung insgesamt einer Punktspiegelung. Das Zentrum dieser Punktspiegelung ist der Schnittpunkt der beiden Spiegelachsen.

45 Minuten

KLASSENARBEIT 1

AUFGABE 1 **Ein Punkt P soll einen Parcours durchlaufen, der aus einer Achsenspiegelung, einer Punktspiegelung, einer Drehung und einer Verschiebung besteht. Die entstandenen Bildpunkte dienen jeweils wieder als Originale für die nächste Abbildung.**

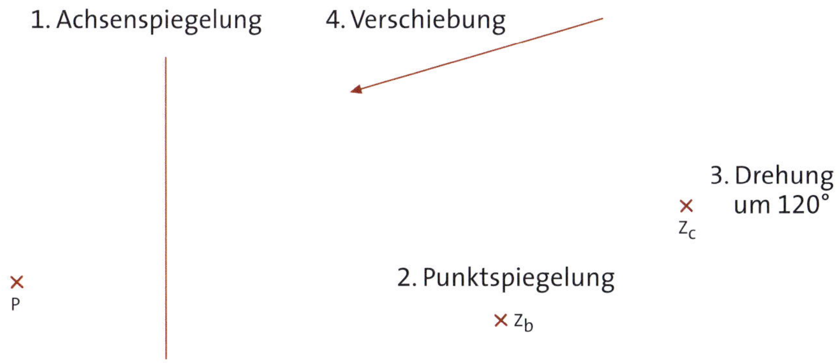

AUFGABE 2 **Zeichne zu jeder der Figuren alle Symmetrieachsen ein. Gib an, welche der Figuren auch punktsymmetrisch und welche auch drehsymmetrisch sind.**

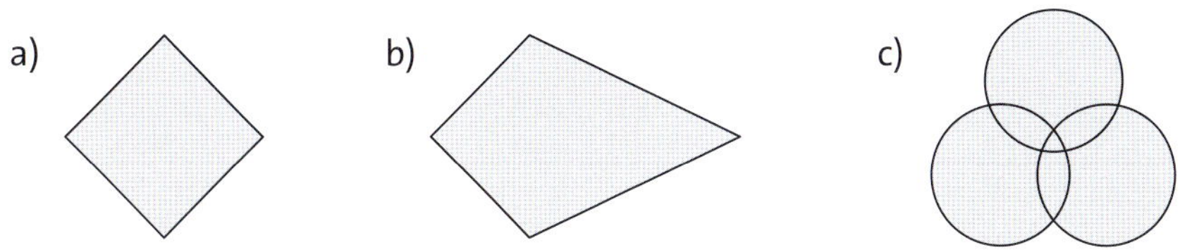

AUFGABE 3 **Zeichne das Dreieck A (4|0) B (7|1) C (5|3) in ein Koordinatensystem.**

a) Verschiebe das Dreieck so, dass das Bild von A auf C liegt.
b) Drehe das ursprüngliche Dreieck ABC um das Zentrum Z (0|0) um 55°.
c) Drehe das ursprüngliche Dreieck ABC um das Zentrum Y (6|4) um 210°.

AUFGABE 4 **Zeichne das Dreieck ABC aus Aufgabe 3 in ein neues Koordinatensystem.**

a) Spiegle das Dreieck ABC am Punkt C.
b) Spiegle das Dreieck ABC an der Geraden durch D (7|3) und E (2|2).

AUFGABE 5 **Eine Strecke AB soll so abgebildet werden, dass das Bild A'B' der Strecke parallel zur ursprünglichen Strecke ist. Gib an, für welche der vier in diesem Kapitel behandelten Abbildungen dies möglich ist und für welche nicht. Müssen besondere Bedingungen erfüllt sein?**

TESTEN

KLASSENARBEIT 2

45 Minuten

AUFGABE 6 **Untersuche die Figuren auf Symmetrie und trage die Ergebnisse ein. (Achtung: Die Symmetrie muss auch für das Muster gelten!)**

1
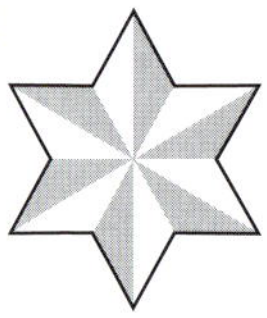

2

3
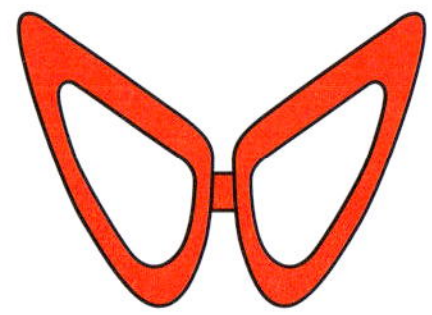

4

5

6

a) Die Figuren ______ sind achsensymmetrisch.

Zeichne die Symmetrieachsen ein.

b) Die Figuren ______ sind punktsymmetrisch.

Zeichne die Symmetriezentren ein.

c) Die Figuren ______ sind drehsymmetrisch.

Gib jeweils auch den kleinstmöglichen Drehwinkel an und zeichne das Drehzentrum ein.

AUFGABE 7 **Die Softwarefirma „ES“ baut ein neues Gebäude und der Architekt hat sich etwas ganz Besonderes einfallen lassen: In einem Raum soll der Boden mit lauter S-förmigen Fliesen ausgelegt werden, in einem anderen mit E-förmigen. Zeichne nach den Vorgaben jeweils ein solches Muster in dein Heft.**

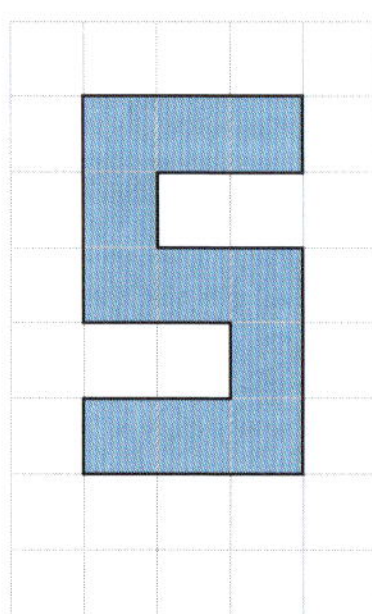

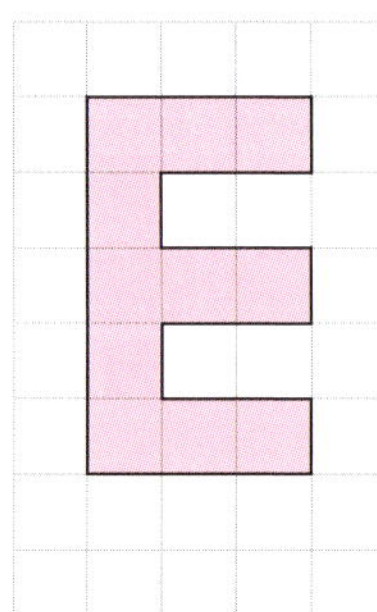

TESTEN

AUFGABE 8 **Gegeben sind das Dreieck ABC und der Punkt A'.**

a) Spiegle das Dreieck ABC an einer Geraden g so, dass der Punkt A auf den Punkt A' gespiegelt wird.
b) Beschreibe, wie du die Spiegelachse g gefunden hast.

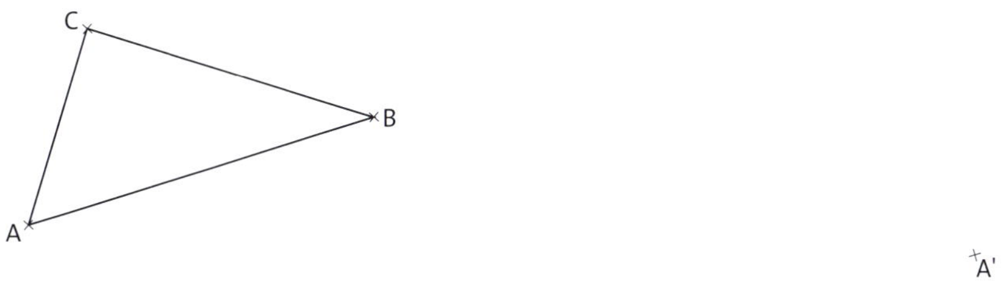

AUFGABE 9 **Trage die Punkte A (4|1), B (6|2), C (5,5|3,5), D (1|3) und Z (5,5|4,5) in das Koordinatensystem ein und verbinde die Punkte ABCD zu einem Viereck.**

a) Spiegle das Viereck am Punkt Z.
b) Gib die Koordinaten der gespiegelten Punkte an.

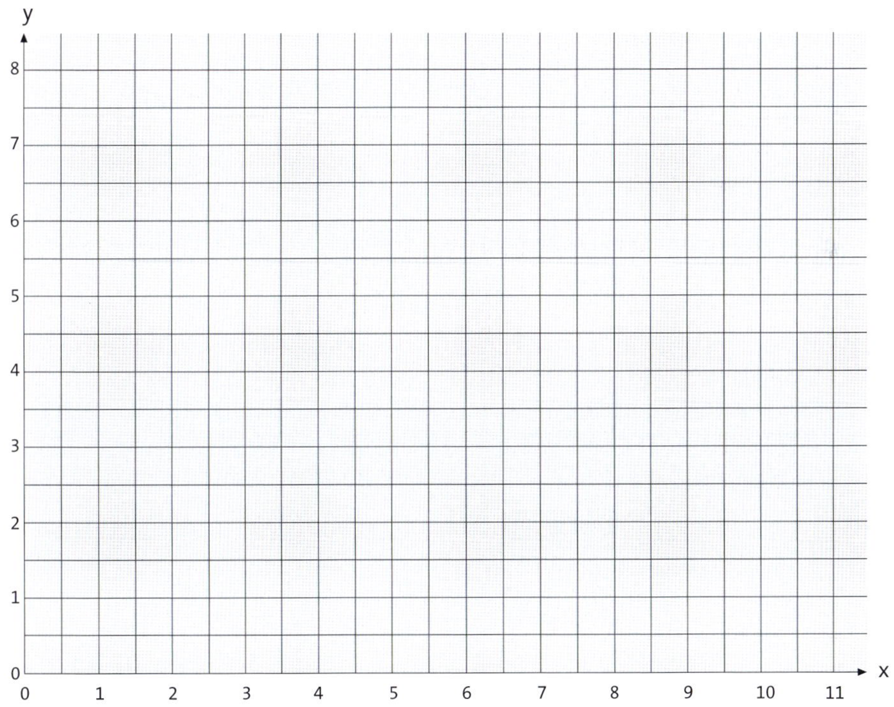

7 Figuren und Körper

7.1 Rechtecke und Flächenberechnung

Der **Flächeninhalt** einer Figur ist die Größe der von der Figur umschlossenen Fläche.
Ein Quadrat mit der Seitenlänge 1 cm hat den Flächeninhalt 1 cm^2.
Ein Quadrat mit der Seitenlänge 1 cm (m, dm, mm usw.) nennt man **Einheitsquadrat.**
Um den Flächeninhalt einer Figur zu bestimmen, berechnet man, wie viele Einheitsquadrate in die Figur hineinpassen.

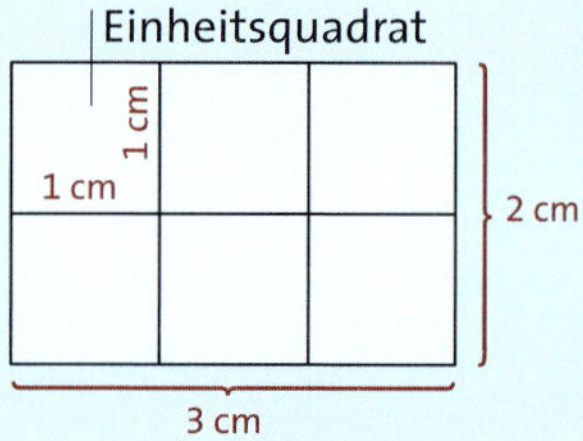

A = 6 cm^2

Auslegen des Rechtecks
mit $3 \cdot 2 \cdot (1\,cm^2) = 6 \cdot 1\,cm^2$
Flächeninhalt: 6 Quadratzentimeter

Je nach Größe der zu messenden Fläche geht man von unterschiedlichen **Einheitsquadraten** aus.
Um einen Flächeninhalt von mehreren Quadratkilometern zu berechnen, dient z. B. der Quadratkilometer als Einheit.
Ist die Fläche nur einige Quadratzentimeter groß, verwendet man lieber diese Einheit.

1 mm · 1 mm	= 1 mm^2 (Quadratmillimeter)
1 cm · 1 cm	= 1 cm^2 (Quadratzentimeter)
1 dm · 1 dm	= 1 dm^2 (Quadratdezimeter)
1 m · 1 m	= 1 m^2 (Quadratmeter)
10 m · 10 m	= 1 a (Ar)
100 m · 100 m	= 1 ha (Hektar)
1 km · 1 km	= 1 km^2 (Quadratkilometer)

Der **Flächeninhalt eines Rechtecks** mit den Seitenlängen a und b ist das Produkt der Seitenlängen:
A = a · b

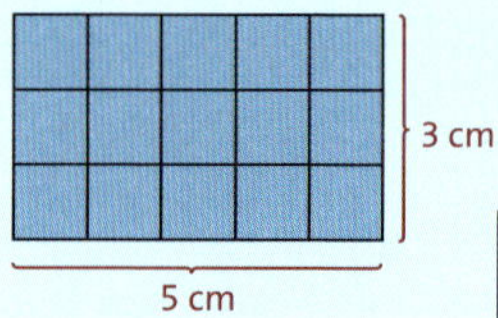

a = 5 cm; b = 3 cm
A = 5 cm · 3 cm
= 15 cm^2

Der **Flächeninhalt eines Quadrats** mit der Seitenlänge a ist entsprechend:
A = a · a = a²

a = 1,1 cm
A = 1,21 cm^2

Zerlegung von Flächen:
Lässt sich eine Figur in mehrere Rechtecke zerlegen, so berechnet man die Flächeninhalte der einzelnen Rechtecke und addiert diese.

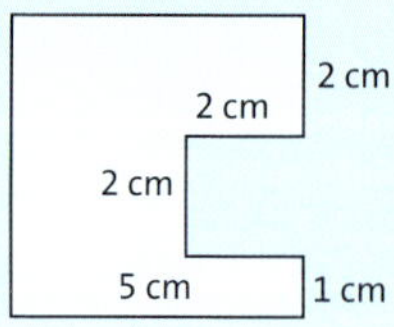

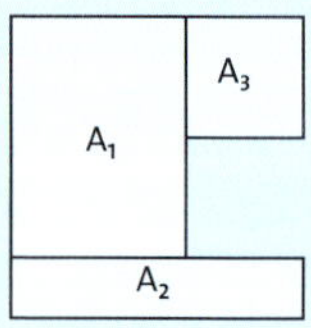

$A_1 = 4 \cdot 3\,cm^2 = 12\,cm^2$;
$A_2 = 5 \cdot 1\,cm^2 = 5\,cm^2$;
$A_3 = 2 \cdot 2\,cm^2 = 4\,cm^2$
$A = 12\,cm^2 + 5\,cm^2 + 4\,cm^2 = 21\,cm^2$

WISSEN

ÜBUNG 1 Zeichne je ein Einheitsquadrat von 1 dm², 1 cm² und 1 mm² (arbeite genau!) auf ein Blatt Papier und schneide die Quadrate aus. Schätze mithilfe dieser Quadrate die Größe eines DIN-A4-Blatts und einer EC-Karte.

ÜBUNG 2 Berechne den Flächeninhalt der abgebildeten Rechtecke. Gib beim Ergebnis die Einheit mit an. (Die Rechtecke sind nicht maßstabgetreu gezeichnet, ausmessen mit Einheitsquadraten hilft hier nicht!)

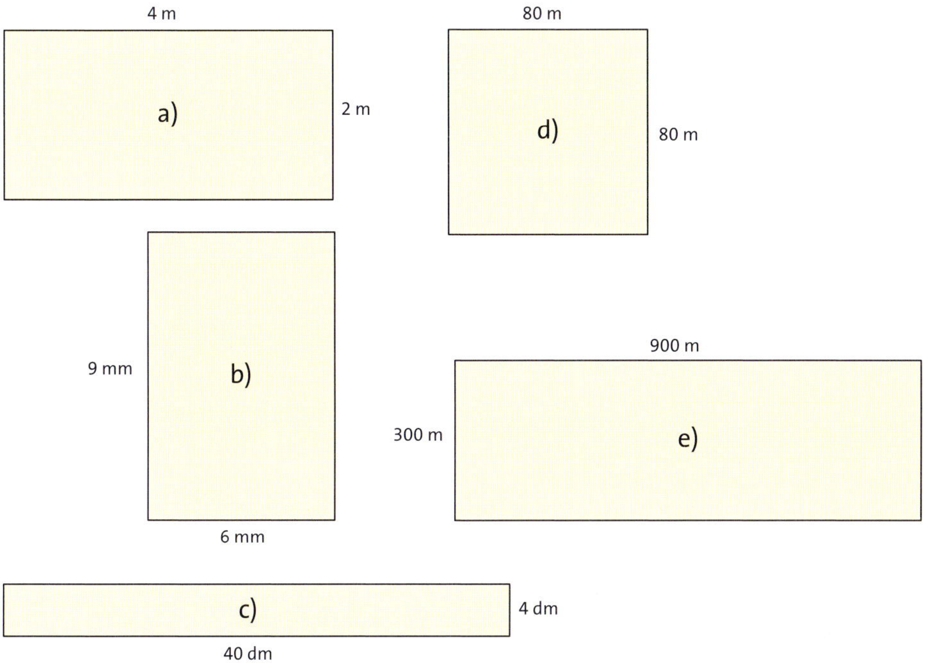

ÜBUNG 3 Bestimme den Inhalt der beiden Flächen. Du kannst zum Messen ein Geodreieck oder das 1-cm²-Einheitsquadrat aus Übung 1 benutzen.
(Tipp: Bei der rechten Figur musst du auch mit halben Einheiten arbeiten.)

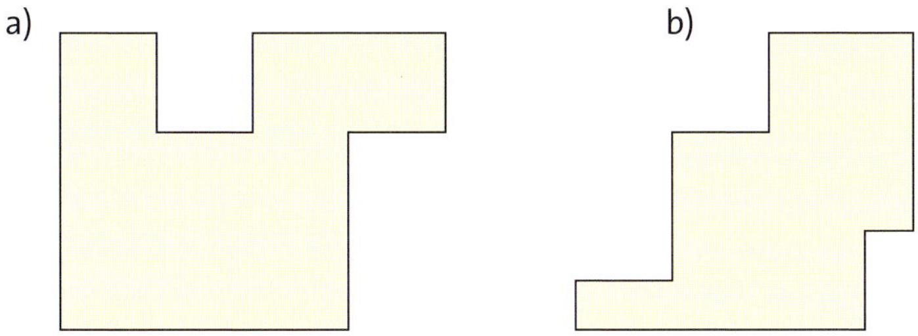

WISSEN

Umrechnen von Flächeneinheiten

Bei der **Umrechnung** von einer Flächeneinheit **in die nächstkleinere Einheit** wird die Maßzahl **mit 100 multipliziert.**

Bei der **Umrechnung** von einer Flächeneinheit **in die nächstgrößere Einheit** wird die Maßzahl **durch 100 dividiert.**

$1\,cm^2 = 100\,mm^2$	$1\,a = 100\,m^2$
$1\,dm^2 = 100\,cm^2$	$1\,ha = 100\,a$
$1\,m^2 = 100\,dm^2$	$1\,km^2 = 100\,ha$

in kleinere Einheit: $5\,cm^2 = 500\,mm^2$ (· 100)

in größere Einheit: $7\,200\,cm^2 = 72\,dm^2$ (: 100)

$600\,000\,m^2 = 6\,000\,a = 60\,ha = 0{,}6\,km^2$

Du erinnerst dich:

Multiplikation mit 100
- entspricht dem Anhängen von zwei Nullen;
- bzw. verschiebt das Komma in Dezimalzahlen um zwei Stellen nach rechts.

$22 \cdot 100 = 2200$

$8{,}2 \cdot 100 = 820$

Division durch 100
- entspricht dem Streichen von zwei Nullen;
- bzw. verschiebt das Komma in Dezimalzahlen um zwei Stellen nach links.

$85\,000 : 100 = 850$

$261 : 100 = 2{,}61$

$2{,}5 : 100 = 0{,}025$

ÜBEN

ÜBUNG 4 **Berechne die Flächeninhalte der einzelnen Rechtecke. Gib das Ergebnis immer in der Einheit an, in der die Maßzahl möglichst wenig Nullen hat.**

Beispiel: a = 40 m; b = 50 m; Flächeninhalt A = 40 m · 50 m = 2 000 m² = 20 a

a) a = 3 dm; b = 4 dm
b) a = 10 cm; b = 20 cm
c) a = 7 mm; b = 5 mm
d) a = 6 km; b = 50 km
e) a = 150 m; b = 10 m
f) a = 200 m; b = 200 m
g) a = 12 mm; b = 50 mm
h) a = 2 000 m; b = 500 m

ÜBUNG 5 **Schreibe in dein Übungsheft den Flächeninhalt in der nächstkleineren Einheit.**

Beispiele: 22 km² = 2 200 ha; 120 m² = 12 000 dm²

a) $5\,km^2$
b) $11\,dm^2$
c) $12\,a$
d) $107\,m^2$
e) $20\,cm^2$
f) $200\,ha$
g) $202\,cm^2$
h) $100\,m^2$

ÜBUNG 6 **Schreibe in dein Übungsheft den Flächeninhalt in der nächstgrößeren Einheit.**

Beispiele: 200 ha = 2 km²; 80 000 m² = 800 a

a) $500\,ha$
b) $1\,500\,cm^2$
c) $25\,000\,m^2$
d) $2\,000\,mm^2$
e) $100\,a$
f) $202\,000\,cm^2$
g) $4\,500\,dm^2$
h) $22\,200\,a$

ÜBUNG 7 **Rechne Länge oder Breite so um, dass jeweils beide Angaben dieselbe Einheit haben. Berechne anschließend den Flächeninhalt.**
Beispiel: a = 7 dm; b = 5 cm; Flächeninhalt A = 7 dm · 5 cm = 70 cm · 5 cm = 350 cm²

a) a = 3 dm; b = 4 cm
b) a = 12 m; b = 2 dm
c) a = 70 mm; b = 3 cm
d) a = 2 dm; b = 80 cm
e) a = 50 mm; b = 8 dm
f) a = 6 km; b = 3 000 m
g) a = 200 m; b = 5 km
h) a = 15 cm; b = 2 m

ÜBUNG 8 **Jakob will sein Zimmer neu streichen. Hilf ihm beim Rechnen!**

„Mein Zimmer ist drei Meter breit und vier Meter lang. Ich brauche Farbe für die Decke und für die Wände. Die Wände sind drei Meter hoch. Im Eimer ist Farbe für 50 m². Meinst du, das reicht?"

ÜBUNG 9 **Schreibe in dein Übungsheft den Flächeninhalt jeweils in der nächstgrößeren Einheit. Achte auf das Komma!**
Beispiele: 20 ha = 0,2 km²; 8,1 mm² = 0,081 cm²

a) 50 ha
b) 160 cm²
c) 50 m²
d) 4 mm²
e) 1 a
f) 17,4 cm²
g) 110,5 ha
h) 0,2 dm²

ÜBUNG 10 **Schreibe die Größe jeweils in der angegebenen Einheit.**
Beispiel: 45 dm² (in mm²); Rechnung 45 dm² = 4 500 cm² = 450 000 mm²

a) 4 km² (in a)
b) 150 m² (in cm²)
c) 2 m² (in mm²)
d) 500 000 m² (in ha)
e) 7 000 000 m² (in cm²)
f) 10 000 000 cm² (in a)
g) 4,22 m² (in cm²)
h) 0,005 m² (in cm²)
i) 120 cm² (in m²)

ÜBUNG 11 **Der Umfang eines Rechtecks ist die Summe der vier Seitenlängen. Da je zwei Seiten gleich lang sind, schreibt man kurz U = 2 · a + 2 · b. Ergänze in der Tabelle die fehlenden Werte.**

1. Seite (in cm)	2. Seite (in cm)	Flächeninhalt (in cm²)	Umfang (in cm)
5	8	40	26
3	7		
7,5	4		
6		30	
	14		40
40		1 600	
		36	24

ÜBEN

7.2 Parallelogramme und Dreiecke

Parallelogramme

Ein **Parallelogramm** ist ein Viereck, bei dem gegenüberliegende Seiten jeweils parallel zueinander und gleich lang sind.

Achtung: Benachbarte Seiten stehen nicht unbedingt senkrecht aufeinander!

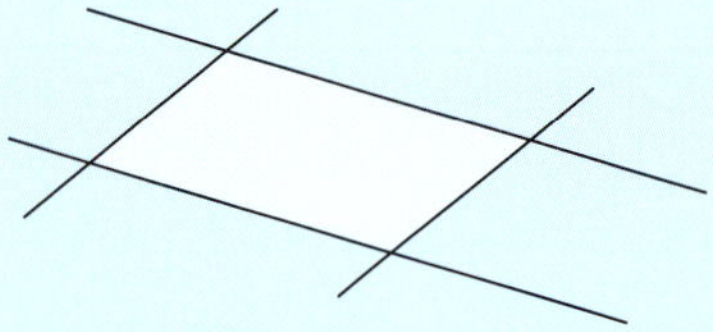

Der **Abstand** von zwei gegenüberliegenden Seiten heißt **Höhe h_a** bzw. **h_b** des Parallelogramms. Die Höhe kann auch außerhalb des Parallelogramms liegen.

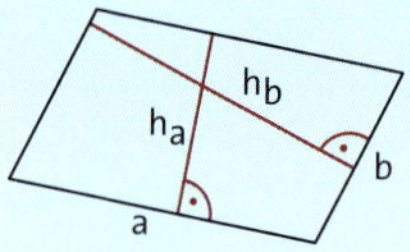

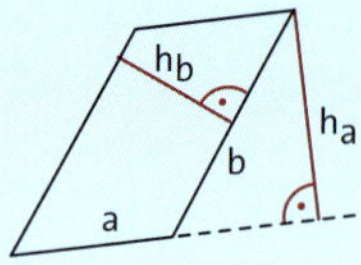

Der **Flächeninhalt eines Parallelogramms** ist das Produkt aus einer Seitenlänge und der zugehörigen Höhe.
Zwei Rechenwege sind möglich:
$A = a \cdot h_a$ oder $A = b \cdot h_b$

Die beim Rechnen verwendete Seite heißt auch **Grundseite g;** die zugehörige Höhe heißt **h_g**.
Man schreibt dann **$A = g \cdot h_g$**.

$a = 6\,cm$
$b = 3\,cm$
$h_a = 2\,cm$
$h_b = 4\,cm$

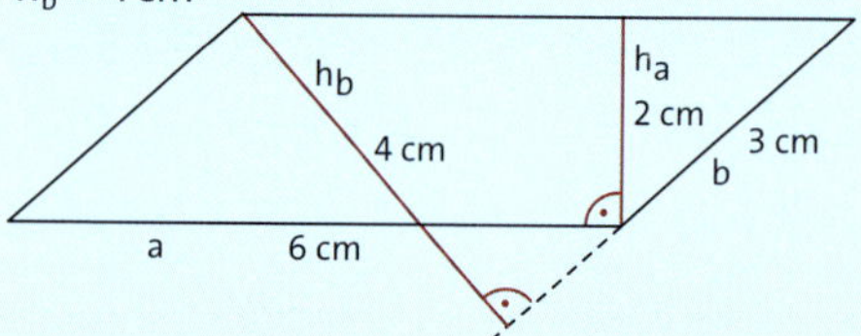

$A = a \cdot h_a = 6 \cdot 2\,cm^2 = 12\,cm^2$
oder: $A = b \cdot h_b = 3 \cdot 4\,cm^2 = 12\,cm^2$

Dreiecke

Der **Abstand** eines Eckpunktes zur gegenüberliegenden Seite heißt eine **Höhe** des Dreiecks.
Jedes Dreieck besitzt drei Höhen h_a, h_b und h_c. Diese können auch außerhalb des Dreiecks liegen.

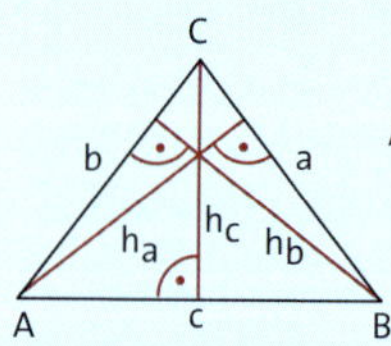

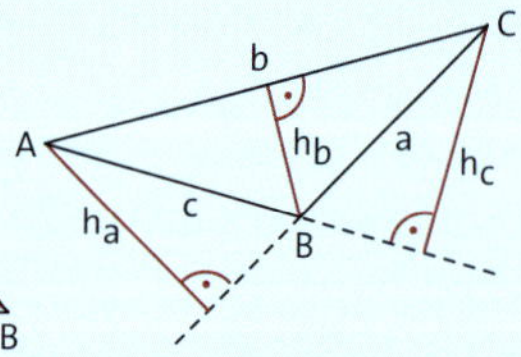

Der **Flächeninhalt eines Dreiecks** ist die Hälfte des Produkts aus einer Seitenlänge und der zugehörigen Höhe.

$$A = \frac{g \cdot h_g}{2}$$

Jede der drei Seiten kann dabei als Grundseite g gewählt werden.

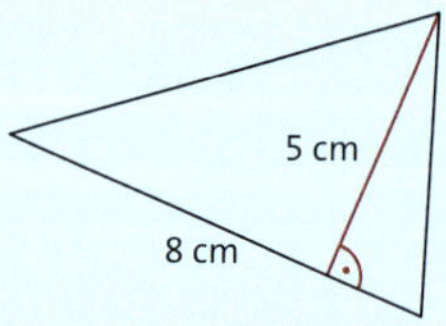

$g = 8\,cm$
$h_g = 5\,cm$

$$A = \frac{g \cdot h_g}{2} = \frac{8 \cdot 5}{2}\,cm^2 = 20\,cm^2$$

ÜBUNG 12 **Zeichne die Figuren auf ein Blatt Papier und schneide sie aus. Zerschneide jede der Figuren entlang der gestrichelten Linien und lege ihre Teile so zusammen, dass jeweils ein Rechteck entsteht. Miss die Seitenlängen der Rechtecke und berechne ihren Flächeninhalt.**

a)

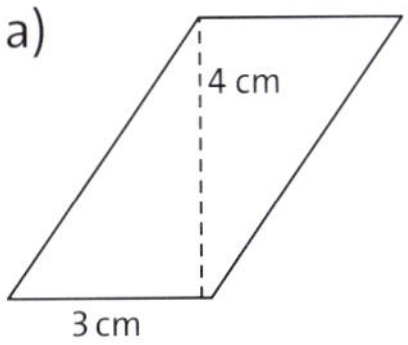

b)

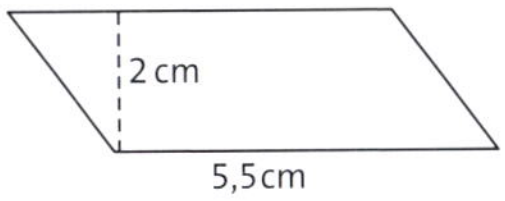

c)

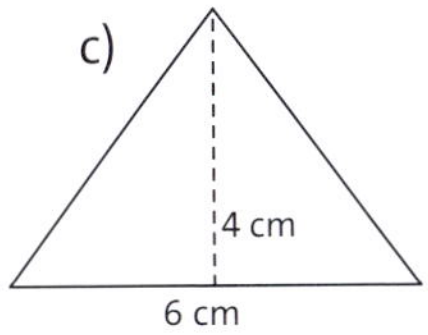

d)

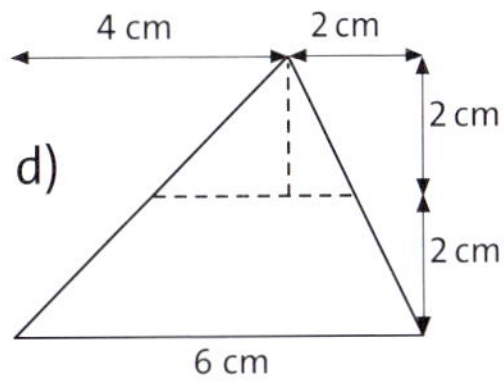

ÜBUNG 13 **Erkläre anhand der Zerlegungen aus Übung 12 …**

a) warum man die Parallelogrammfläche mit der Formel „Grundseite mal Höhe“ berechnen kann.

b) die Flächeninhaltsformel des Dreiecks.

ÜBUNG 14 **Berechne die Flächeninhalte der abgebildeten Parallelogramme. Gib für jedes Parallelogramm die Länge der verwendeten Grundseite an!**

a)

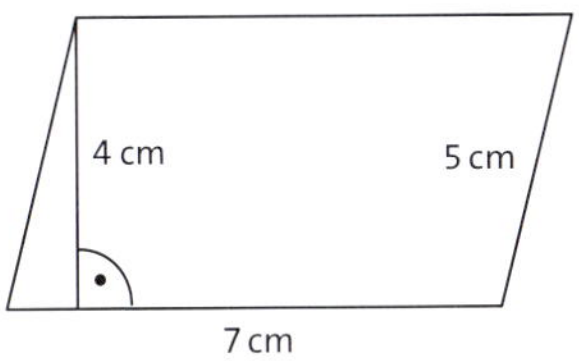

b)

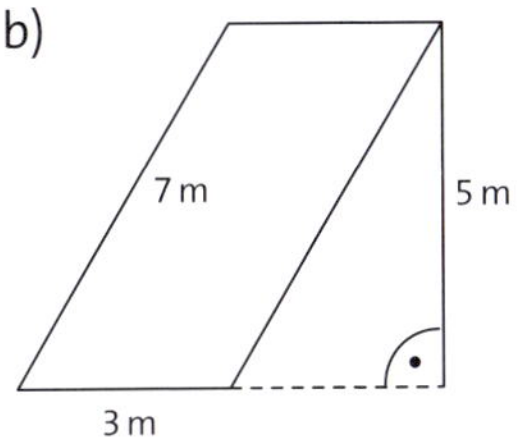

c)

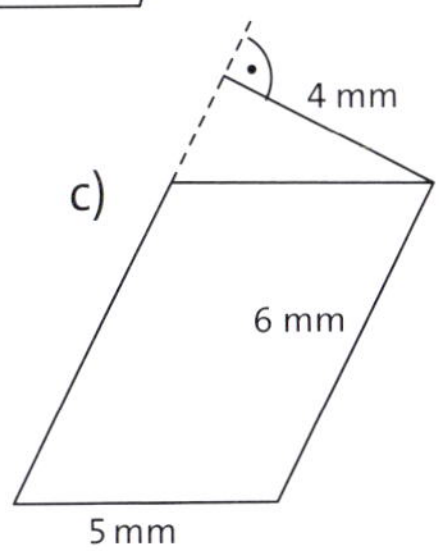

d)

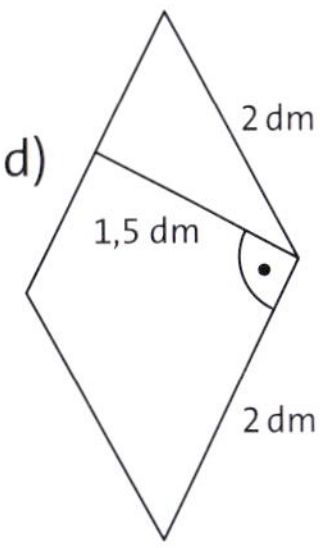

ÜBEN

ÜBUNG 15 **Berechne die Flächeninhalte der Dreiecke. Bei dem rechtwinkligen Dreieck ist die Flächenberechnung besonders einfach.**

a)

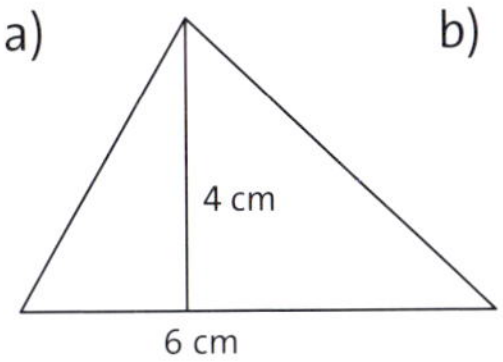

b)

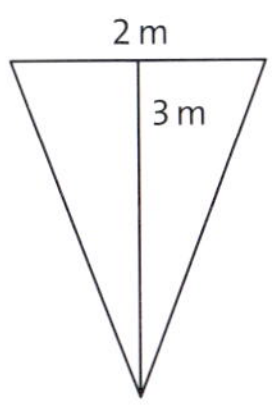

c)

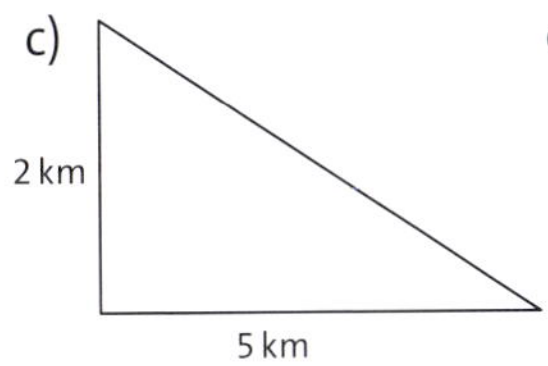

d)

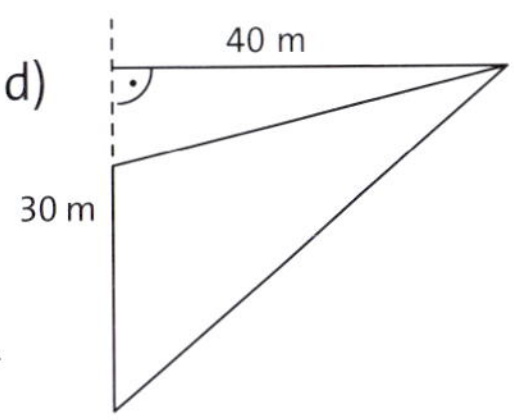

ÜBUNG 16 **Die fünf Figuren haben eine Seite gemeinsam. Welche Figur hat die größte Fläche? Beantworte die Frage, ohne zu messen oder zu rechnen.**

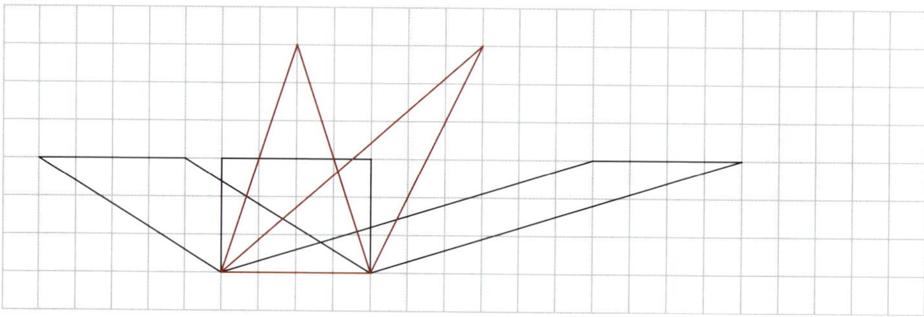

ÜBUNG 17 **Zeichne fünf möglichst unterschiedlich aussehende Dreiecke mit dem Flächeninhalt 12 cm². Überlege dir dazu, welche unterschiedlichen Kombinationen aus Grundseitenlänge und Höhe möglich sind.**

ÜBUNG 18 **Ergänze die fehlenden Größen:**

Grundseite (in cm)	Höhe (in cm)	Parallelogrammfläche (in cm²)	Dreiecksfläche (in cm²)
5	6	30	15
12	3		
2,5	4		
11		132	
	6	54	
4,5			13,5

ÜBUNG 19 **Löse die Aufgabe in einem Koordinatensystem. Zur Erinnerung: Der erste Wert gibt den Rechtswert, der zweite Wert den Hochwert eines Punktes an.**

a) Zeichne das Dreieck A (1|2) B (5|2) C (7|6) in ein Koordinatensystem und zeichne die drei Höhen des Dreiecks ein. Verwende 2 Kästchen für eine Einheit!

b) Miss die Seitenlängen und die Höhen in Millimetern und trage die Werte ein.

c) Berechne den Flächeninhalt (in mm²) auf drei Arten, indem du jede Seite einmal als Grundseite verwendest.

d) Vergleiche die drei Ergebnisse miteinander. Stimmen sie genau überein? Woher kommen die Abweichungen?

WISSEN

Flächeninhalt von geradlinig begrenzten Figuren

Den Flächeninhalt einer geradlinig begrenzten Figur kann man durch Zerlegen in Teilfiguren bestimmen:

Die Summe der Flächeninhalte der Teilfiguren ist gleich dem Flächeninhalt der Gesamtfigur.

Unterschiedliche Zerlegungen führen zu demselben Ergebnis.
Die entstandenen Teilflächen dürfen auch beliebig neu zusammengesetzt werden; der Flächeninhalt bleibt gleich.

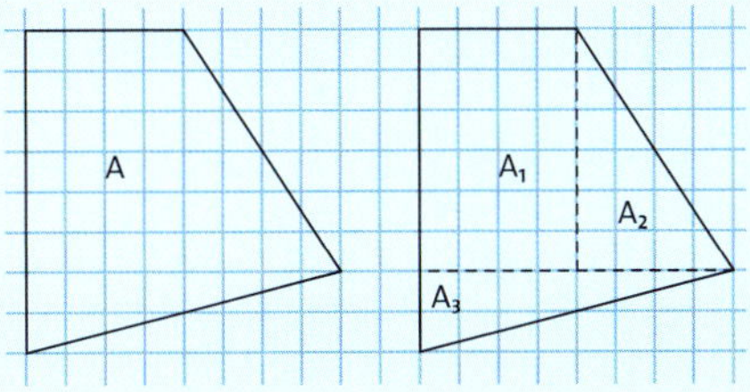

$A = A_1 + A_2 + A_3$

$= 3 \cdot 2\,cm^2 + \frac{2 \cdot 3}{2}\,cm^2 + \frac{4 \cdot 1}{2}\,cm^2$

$= 6\,cm^2 + 3\,cm^2 + 2\,cm^2 = 11\,cm^2$

Flächeninhalt: $11\ cm^2$

ÜBUNG 20 **Bestimme die Flächeninhalte der abgebildeten Figuren.**

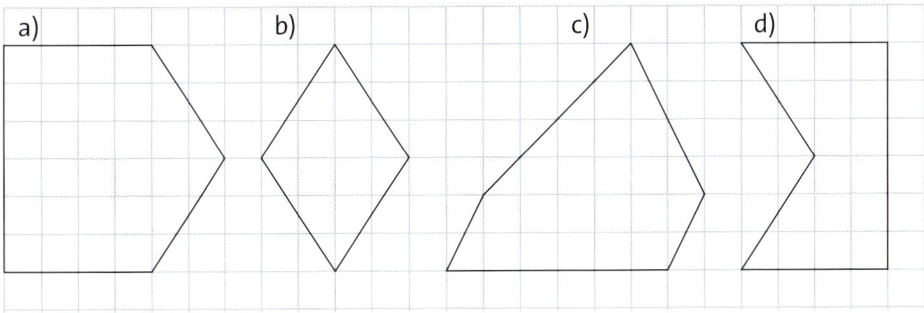

ÜBUNG 21 **Berechne den Flächeninhalt des einbeschriebenen Parallelogramms, indem du die Größe der rechteckigen Fläche berechnest und davon die Inhalte der Dreiecksflächen abziehst.**

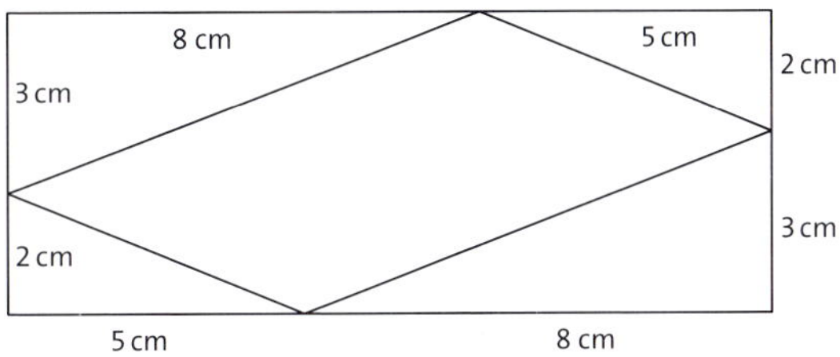

ÜBUNG 22 **Eine Raute ist ein Parallelogramm mit vier gleich langen Seiten. Erkläre, warum man mit der unten stehenden Formel ihren Flächeninhalt berechnen kann.**

$A = \frac{d \cdot e}{2}$ (d, e Diagonalenlängen)

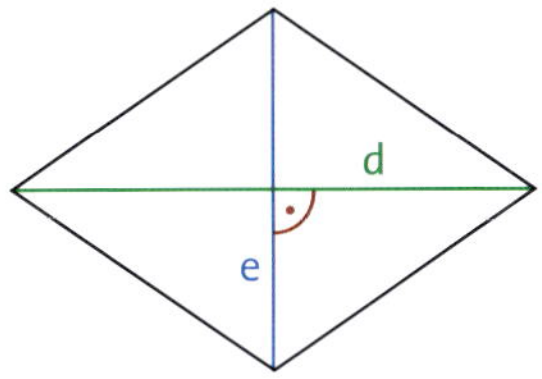

7.3 Netze und Schrägbilder von Körpern

WISSEN

Ein **Quader** wird durch sechs Rechtecke begrenzt. Einander gegenüberliegende Rechtecke sind dabei kongruent (deckungsgleich).
Jeweils vier der zwölf **Kanten** sind zueinander parallel.

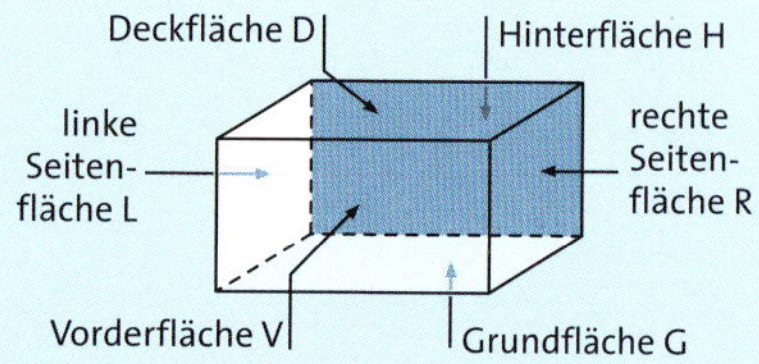

Ein **Netz** eines Körpers entsteht, wenn man ihn entlang geeigneter Kanten auftrennt und die zusammenhängenden Flächen in der Ebene ausbreitet.

Ein Netz eines Körpers zeigt die gesamte **Oberfläche** des Körpers.

Ein Quadernetz:

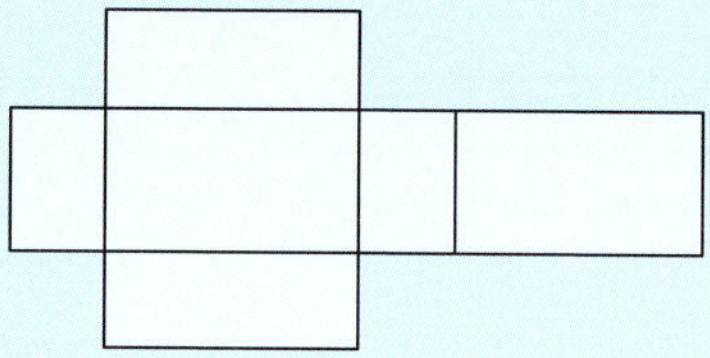

Schrägbild eines Quaders zeichnen:
- Zeichne die Vorderfläche;
- zeichne an jeder Ecke eine 45°-Linie an (benutze die Karos des Papiers als Hilfe);
- trage an diesen Linien die nach hinten verlaufenden Kanten des Quaders in halber Länge ab;
- zeichne die Hinterfläche des Quaders.

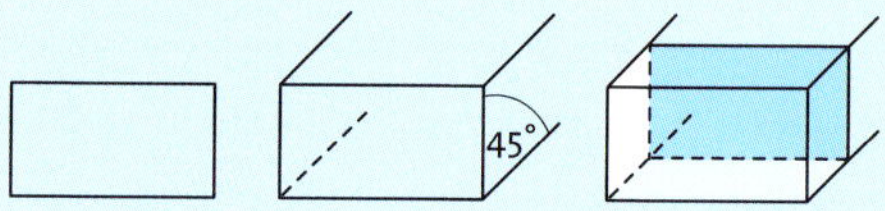

Verdeckte Linien werden gestrichelt dargestellt.

Ein **Würfel** ist ein Quader, dessen Kanten alle gleich lang sind.
Rechts siehst du Schrägbild und Netz eines Würfels.

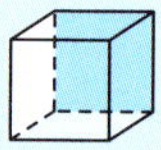
Schrägbild

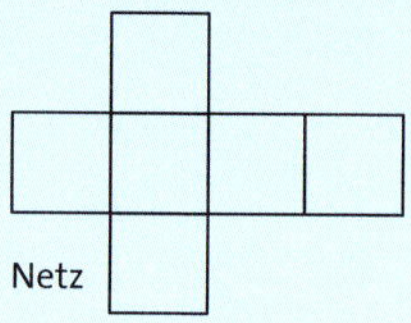
Netz

Grundfläche und Deckfläche von einem **geraden Prisma** sind zueinander kongruente Vielecke (Dreiecke, Vierecke, Fünfecke usw.). Die Seitenflächen werden durch Rechtecke gebildet.
Prismen werden nach der Art ihrer Grundfläche benannt.

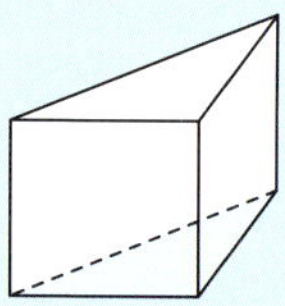
dreiseitig

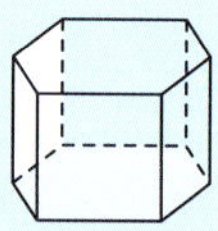
sechsseitig

Die Grundfläche einer **Pyramide** ist ein Vieleck. Alle Eckpunkte sind durch gerade Linien (die Seitenkanten) mit einem Punkt S (der **Spitze**) verbunden.
Bei einer regelmäßigen, geraden Pyramide sind alle Seitenkanten gleich lang, wie z. B. bei einer quadratischen Pyramide.

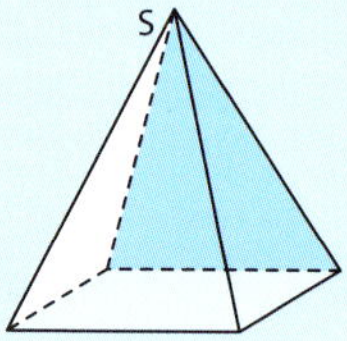

quadratisch, gerade

ÜBUNG 23 Es gibt Gegenstände, die in ihrer Form geometrischen Körpern ähneln. Suche mindestens je ein Beispiel für einen Quader, einen Würfel, ein Prisma und eine Pyramide.

ÜBUNG 24 Übertrage das Quadernetz auf Papier, schneide es aus, und klebe den Quader zusammen. Dieses Modell wird in weiteren Übungen verwendet.

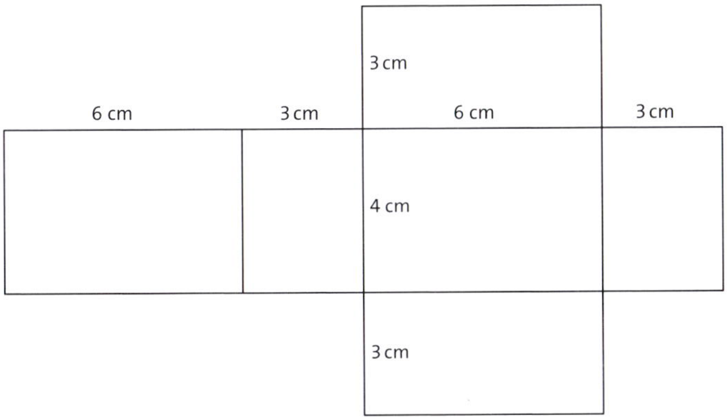

ÜBUNG 25 Ergänze in den Schrägbildern die fehlenden Strecken. Miss die Längen und gib die wirklichen Abmessungen der Quader an. (Tipp: Nach hinten verlaufende Kanten erscheinen im Schrägbild nur halb so lang.)

a)

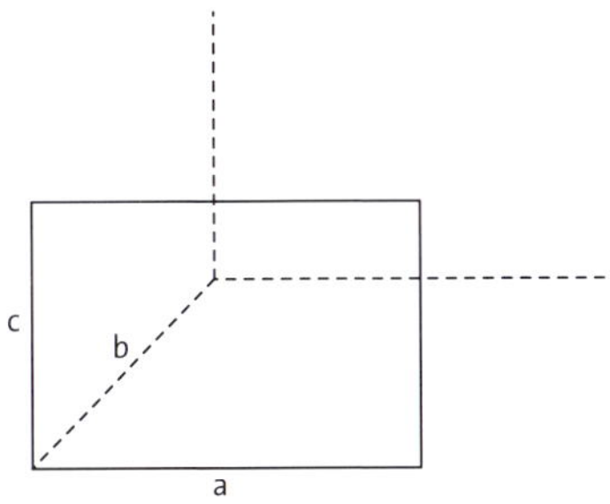

Länge: a = ____ cm

Breite (Tiefe): b = ____ cm

Höhe: c = ____ cm

b)

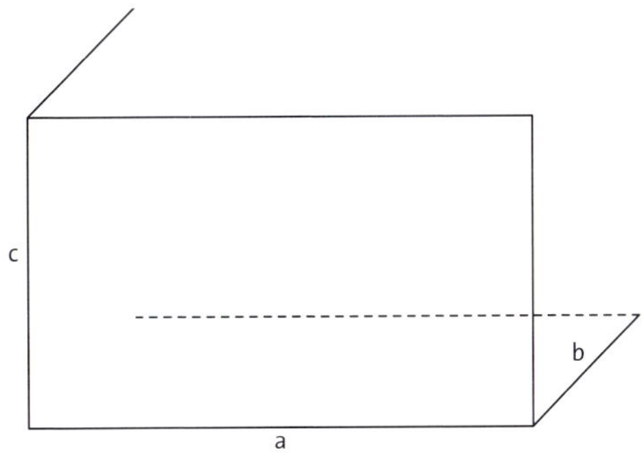

Länge: a = ____ cm

Breite (Tiefe): b = ____ cm

Höhe: c = ____ cm

ÜBUNG 26 Zeichne ein Schrägbild des Quaders aus Übung 24. Vergiss nicht, die nach hinten verlaufenden Linien um die Hälfte verkürzt zu zeichnen.
Halte das Modell neben deine Zeichnung. Suche den Blickwinkel, unter dem der Anblick des Modells mit deiner Zeichnung übereinstimmt.

ÜBUNG 27 **Welche Netze ergeben keine Würfel?**

a)

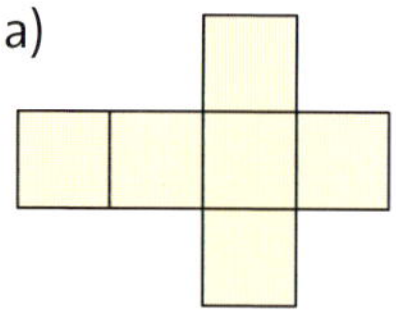

b)

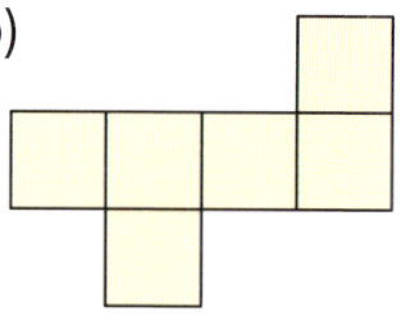

c)

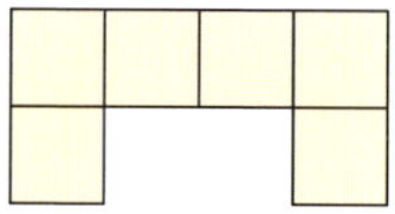

d)

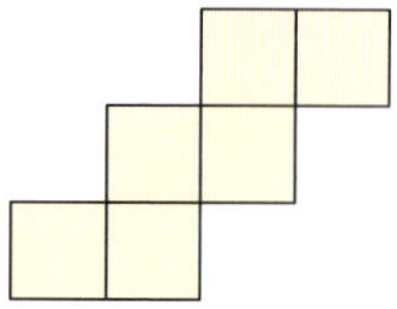

ÜBUNG 28 **Überlege dir anhand des Modells aus Übung 24, ob die folgenden Sätze über Quader richtig oder falsch sind.**

a) Je zwei Kanten, die sich in einem Eckpunkt berühren, sind orthogonal (rechtwinklig) zueinander.

b) Jeder Quader hat sechs Flächen und zwölf Kanten.

c) Bei jedem Quader sind vier Flächen kongruent.

d) Es gibt Quader, bei denen vier Flächen kongruent sind.

e) Parallele Kanten eines Quaders sind auch in seinem Schrägbild parallel.

f) Es gibt keinen Quader, bei dem alle zwölf Kanten gleich lang sind.

ÜBEN

ÜBUNG 29 **Miss die Schrägbilder aus und zeichne die Netze der Quader.**

a)

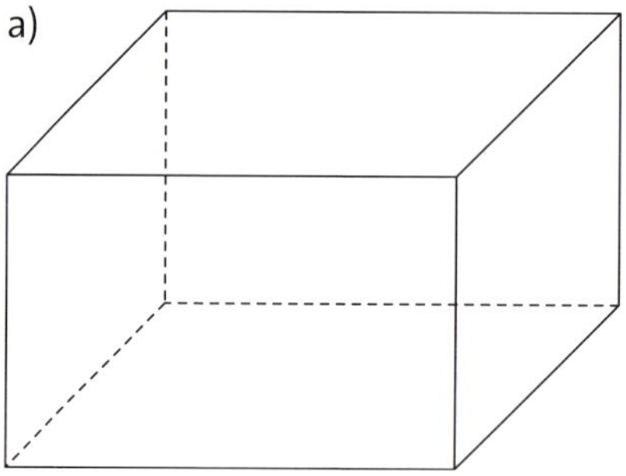

b)

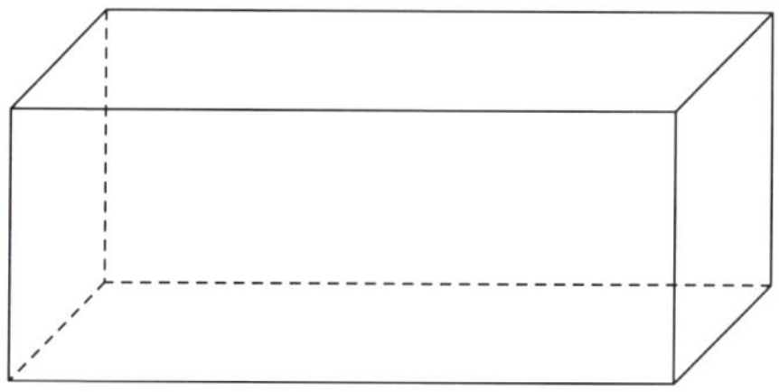

ÜBUNG 30 **Zeichne je ein Schrägbild (G: Grundfläche, V: Vorderfläche).**

a)

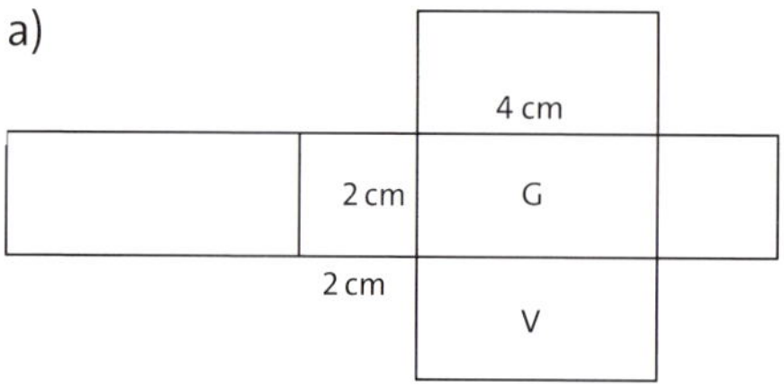

b)

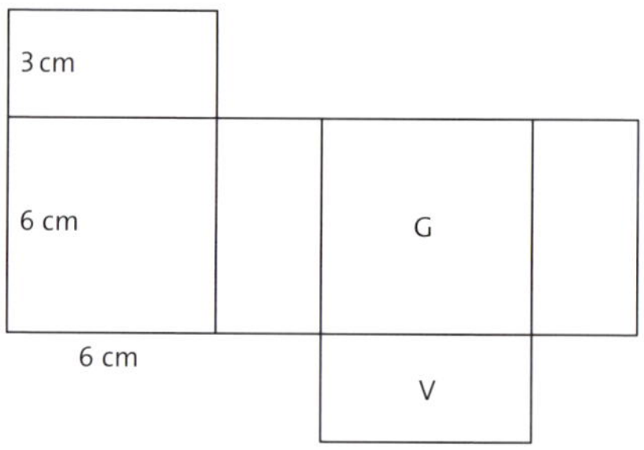

WISSEN

Netz und Oberflächeninhalt von Prisma und Pyramide

Du erinnerst dich: Der Oberflächeninhalt eines Quaders ist gleich dem Flächeninhalt seines Netzes.
Dafür gilt die Formel:
$A_O = 2 \cdot a \cdot b + 2 \cdot a \cdot c + 2 \cdot b \cdot c$

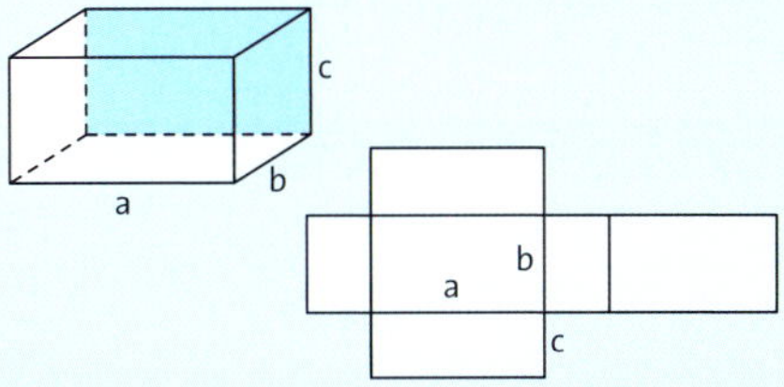

Das Netz eines *regelmäßigen geraden* **dreiseitigen Prismas** sieht so aus:
(Eine dreiseitige Pyramide ist regelmäßig, wenn die Grundfläche ein gleichseitiges Dreieck ist.)

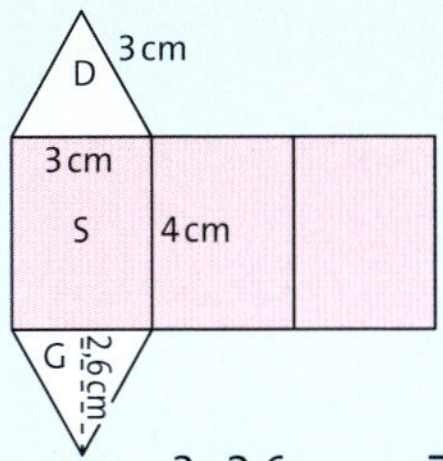

Berechne den **Oberflächeninhalt:**
- Bestimme den Inhalt der Grundfläche G und den einer Seitenfläche S;
- berechne dann den Oberflächeninhalt A_O durch Addieren **aller** Flächeninhalte.

$G = D = \frac{3 \cdot 2{,}6}{2}\ \text{cm}^2 = \frac{7{,}8}{2}\ \text{cm}^2 = 3{,}9\ \text{cm}^2;$

$S = (3 \cdot 4)\ \text{cm}^2 = 12\ \text{cm}^2$

$A_O = (2 \cdot 3{,}9 + 3 \cdot 12)\ \text{cm}^2 = 43{,}8\ \text{cm}^2$

Das Netz einer *geraden* **quadratischen Pyramide** sieht so aus:

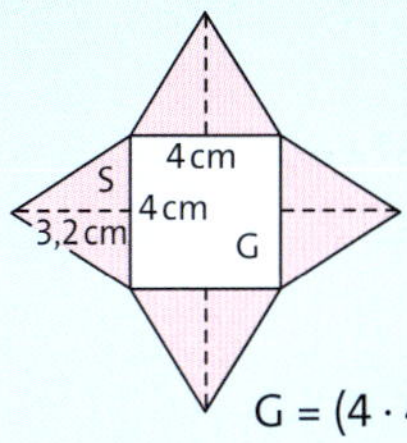

Berechne den **Oberflächeninhalt:**
- Bestimme den Inhalt der Grundfläche G und den einer Seitenfläche S;
- berechne dann den Oberflächeninhalt A_O durch Addieren **aller** Flächeninhalte.

$G = (4 \cdot 4)\ \text{cm}^2 = 16\ \text{cm}^2;$

$S = \frac{4 \cdot 3{,}2}{2}\ \text{cm}^2 = (2 \cdot 3{,}2)\ \text{cm}^2 = 6{,}4\ \text{cm}^2$

$A_O = (16 + 4 \cdot 6{,}4)\ \text{cm}^2 = 41{,}6\ \text{cm}^2$

ÜBUNG 31 **Bestimme den Oberflächeninhalt eines Quaders, der 20 cm lang, 10 cm breit und 8 cm hoch ist.**

ÜBUNG 32 **Zeichne je ein Netz der angegebenen Körper. Schneide es aus und klebe die Flächen an den Kanten zusammen. Miss nach, ob das Modell den Angaben entspricht.**

a) Würfel, Kantenlänge: 5 cm.
b) Regelmäßiges gerades dreiseitiges Prisma, Breite: 4 cm, Höhe: 6 cm.
c) Gerade quadratische Pyramide, Breite: 5 cm, Höhe: 7 cm. (Hinweis: Die Höhe der Seitendreiecke der Pyramide beträgt ca. 7,4 cm; die Kantenlänge ca. 7,8 cm. Du musst genau in die Mitte eines DIN-A4-Blattes zeichnen.)

ÜBUNG 33 **Berechne jeweils den Oberflächeninhalt der Körper aus Übung 32.**

ÜBEN

7.4 Volumenberechnungen

Das **Volumen V** (der **Rauminhalt**) eines Körpers ist die Größe des vom Körper ausgefüllten Raumes.

Ein Würfel mit der Kantenlänge 1 cm hat das Volumen 1 cm³.
Einen Würfel mit der Kantenlänge 1 cm (m, dm, mm usw.) nennt man **Einheitswürfel.**
Um das Volumen eines Körpers zu bestimmen, kann man ihn mit Einheitswürfeln füllen.

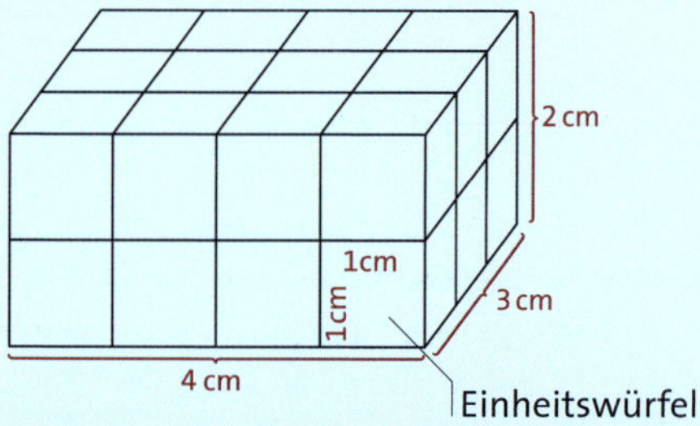

$V = 4 \cdot 3 \cdot 2 \cdot (1\,cm^3) = 24 \cdot 1\,cm^3$
Volumen: 24 Kubikzentimeter

Je nach Größe des zu messenden Rauminhalts geht man von unterschiedlichen **Einheitswürfeln** aus.

Um ein Volumen von mehreren Kubikzentimetern zu berechnen, dient beispielsweise der Kubikzentimeter als Einheit.

$1\,mm \cdot 1\,mm \cdot 1\,mm = 1\,mm^3$ (Kubikmillimeter)
$1\,cm \cdot 1\,cm \cdot 1\,cm = 1\,cm^3$ (Kubikzentimeter)
$1\,dm \cdot 1\,dm \cdot 1\,dm = 1\,dm^3$ (Kubikdezimeter)
$1\,m \cdot 1\,m \cdot 1\,m = 1\,m^3$ (Kubikmeter)

Einem Kubikzentimeter ($1\,cm^3$) entspricht ein Würfel mit den Maßen $1\,cm \cdot 1\,cm \cdot 1\,cm$.

Das **Volumen eines Quaders** mit den Kantenlängen a, b und c ist das Produkt der drei Kantenlängen:
$\mathbf{V = a \cdot b \cdot c}$

$a = 5\,cm$
$b = 4\,cm$
$c = 3\,cm$

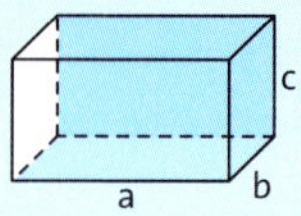

Volumen $V = 5\,cm \cdot 4\,cm \cdot 3\,cm = 60\,cm^3$

Fasst man Länge mal Breite als **Inhalt der Grundfläche** (also $G = a \cdot b$) auf und bezeichnet man die **Höhe** mit **h,** so kann man das Quadervolumen auch so berechnen: $\mathbf{V = G \cdot h}$

Für obigen Quader gilt:

$G = a \cdot b = 5\,cm \cdot 4\,cm = 20\,cm^2$

$V = G \cdot h = 20\,cm^2 \cdot 3\,cm = 60\,cm^3$

Zerlegung von Körpern:
Lässt sich ein Körper in mehrere Quader zerlegen, so berechnet man die Volumina der einzelnen Quader und addiert diese.

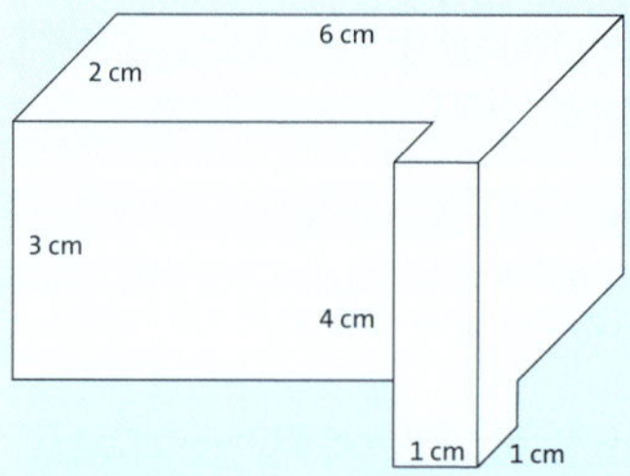

$V = 3\,cm \cdot 2\,cm \cdot 6\,cm + 4\,cm \cdot 1\,cm \cdot 1\,cm =$
$= 36\,cm^3 + 4\,cm^3 = 40\,cm^3$

ÜBUNG 34 **Baue ein Modell eines Einheitswürfels von 1 dm³. Stelle dir vor, wie groß 1 cm³ und 1 m³ sind.**

Schätze, wie groß in etwa die Volumina folgender Körper sind: dieses Buch, ein Stecknadelkopf, eine Tintenpatrone, eine Badewanne, ein Schulbus.

ÜBUNG 35 **Erkläre, warum genau 1 000 Einheitsquader von 1 cm³ in 1 dm³ passen.**

ÜBUNG 36 **Berechne aus den Kantenlängen der Quader jeweils das Volumen.**

Beispiel: a = 100 cm; b = 12 cm; c = 20 cm

$V = 100\,cm \cdot 12\,cm \cdot 20\,cm = 24\,000\,cm^3 = 24\,dm^3$

a) a = 2 m; b = 3 m; c = 5 m

b) a = 15 cm; b = 3 cm; c = 5 cm

c) a = 10 cm; b = 200 cm; c = 20 cm

d) a = 1 dm; b = 40 dm; c = 750 dm

e) a = 200 mm; b = 250 mm; c = 1 000 mm

ÜBUNG 37 **In einer Straße wird eine Gasleitung verlegt. Dazu wird ein Graben ausgehoben, der 50 m lang, 1 m breit und 2 m tief ist.**

a) Wie viele Kubikmeter Erde müssen ausgehoben werden?

b) Wie viele Tonnen sind das, wenn 1 m³ Erde ca. 3 Tonnen wiegt?

ÜBUNG 38 **Fülle die Lücken in der Tabelle.**

2 l =	2 000 ml =	2 dm³ =	2 000 cm³
5 l =	ml =	dm³ =	cm³
l =	ml =	20 dm³ =	cm³
l =	9 000 ml =	dm³ =	cm³

WISSEN

Bei der **Umrechnung** von einer Einheit in die **nächstkleinere** wird die Maßzahl **mit 1 000 multipliziert.**

Bei der **Umrechnung** von einer Einheit in die **nächstgrößere Einheit** wird die Maßzahl **durch 1 000 dividiert.**

Im Alltag verwendet man auch **Liter (1 l)** und **Milliliter (1 ml)** als Einheiten:
1 l = 1 dm³ = 1 000 ml; 1 ml = 1 cm³

in kleinere Einheit: $7\,cm^3 = 7\,000\,mm^3$ (· 1 000)

in kleinere Einheit: $4{,}3\,cm^3 = 4\,300\,mm^3$ (· 1 000)

in größere Einheit: $4\,600\,cm^3 = 4{,}6\,dm^3$ (: 1 000)

in größere Einheit: $28{,}7\,cm^3 = 0{,}0287\,dm^3$ (: 1 000)

ÜBEN

ÜBUNG 39 **Schreibe in dein Übungsheft jeweils in der nächstkleineren Einheit.**
Beispiele: $15\,m^3 = 15\,000\,dm^3$; $2{,}05\,cm^3 = 2\,050\,mm^3$

a) $5\,m^3$ b) $8\,dm^3$ c) $20\,cm^3$ d) $500\,cm^3$ e) $1\,010\,m^3$ f) $2\,000\,cm^3$
g) $0{,}5\,dm^3$ h) $3{,}2\,m^3$ i) $70{,}05\,m^3$ j) 4 l k) 0,5 l l) 0,025 l

ÜBUNG 40 **Schreibe in dein Übungsheft jeweils in der nächstgrößeren Einheit.**
Beispiele: $4\,000\,mm^3 = 4\,cm^3$; $12\,dm^3 = 0{,}012\,m^3$

a) $8\,000\,mm^3 =$ b) $58\,000\,mm^3 =$ c) $25\,000\,cm^3 =$
d) $125\,000\,dm^3 =$ e) $1\,000\,000\,cm^3 =$ f) $3\,300\,dm^3 =$
g) $500\,cm^3 =$ h) $50\,mm^3 =$ i) $2\,dm^3 =$
j) 4 000 ml = k) 1 500 ml = l) 25 ml =

ÜBUNG 41 **Rechne jeweils zuerst in dieselbe Maßeinheit um. Berechne anschließend das Volumen des Quaders.**
Beispiel: $a = 4\,cm$, $b = 5\,dm$, $c = 25\,cm$
Beispiel: $V = 4\,cm \cdot 5\,dm \cdot 25\,cm = 4\,cm \cdot 50\,cm \cdot 25\,cm = 5\,000\,cm^3 = 5\,dm^3$

a) $a = 2\,cm$; $b = 10\,cm$; $c = 3\,dm$ b) $a = 70\,dm$; $b = 1\,m$; $c = 3\,m$
c) $a = 800\,mm$; $b = 25\,cm$; $c = 3\,dm$ d) $a = 0{,}2\,dm$; $b = 35\,cm$; $c = 0{,}5\,dm$

ÜBUNG 42 **Eine Packung H-Milch hat die folgenden Abmessungen: Länge: 9 cm; Breite: 6 cm; Höhe: 19 cm. Berechne ihr Volumen und gib das Ergebnis in der Einheit Liter an. In der Packung soll ein Liter Milch sein. Erkläre die Abweichung.**

ÜBUNG 43 **Bestimme die Volumina der Körper (Maße in cm).**
Anleitung: Zuerst zerlegst du jeden Körper in Quader und bestimmst die Volumina der einzelnen Teilquader. Anschließend addierst du jeweils die Volumina aller Teilquader und erhältst so das Gesamtvolumen des Körpers.

a)
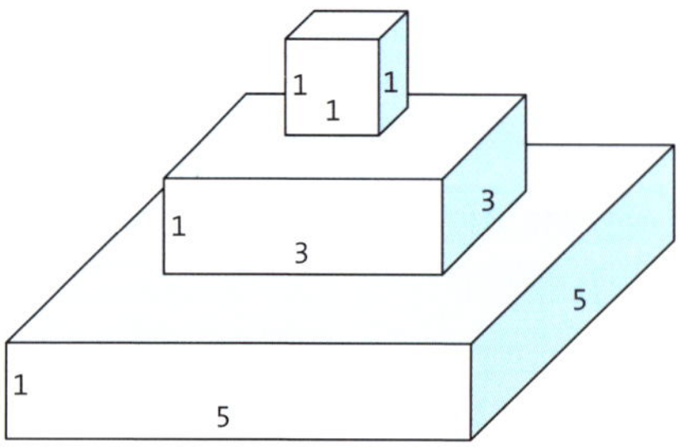

b)
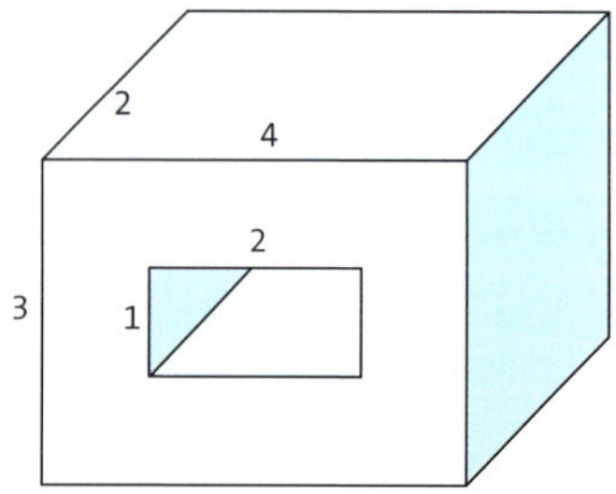

ÜBUNG 44 **Ein Tropfen Öl hat das Volumen $50\,mm^3$. Gibt man ihn auf eine Wasseroberfläche, so entsteht ein Fleck, der ungefähr 5 cm lang und 5 cm breit ist. Bereche die Höhe dieses Ölflecks.**

45 Minuten

KLASSENARBEIT 1

AUFGABE 1 **Ein Quader hat die Länge 5 cm, die Breite 4 cm und die Höhe 3 cm.**

a) Zeichne ein Schrägbild. Verborgene Kanten trägst du dabei gestrichelt ein.
b) Zeichne ein Netz dieses Quaders.
c) Beschrifte die Flächen beider Zeichnungen mit den Bezeichnungen: Grundfläche G, Deckfläche D, Vorderfläche V, Hinterfläche H, linke Seitenfläche L und rechte Seitenfläche R.

AUFGABE 2 **In den nachfolgenden Sätzen ist je ein Fehler. Berichtige die Sätze.**

a) Ein Würfel hat 6 Flächen, 10 Kanten und 8 Ecken.
b) Ein dreiseitiges Prisma hat 5 Flächen und genauso viele Kanten.
c) Jede Pyramide hat 8 Kanten.
d) Bei einem Quader sind alle Kanten orthogonal zueinander.

AUFGABE 3 **Schreibe die Größe in der angegebenen Einheit.**

a) $7\,dm^2$ (in cm^2)
b) 30 ha (in m^2)
c) $200\,000\,mm^2$ (in dm^2)
d) $15\,cm^3$ (in mm^3)
e) $200\,cm^3$ (in dm^3)
f) $2{,}5\,m^3$ (in l)

AUFGABE 4 **Berechne das Volumen des Quaders. Berechne ebenfalls den Inhalt der Grundfläche und den Oberflächeninhalt. Länge: 12 cm; Breite: 2 dm; Höhe: 5 mm**

AUFGABE 5 **Ein Heimwerker legt eine rechteckige Terrasse, die 6 m lang und 3 m breit ist, mit Platten aus.**

a) Wie groß ist die Terrasse?
b) Ein Quadratmeter Platten wiegt 35 Kilogramm. Wie viel wiegt der gesamte Plattenbelag der Terrasse?

AUFGABE 6 **Berechne den Inhalt der rosa gefärbten Fläche des Musters. Welchen Anteil nimmt sie an der Gesamtfläche ein?**

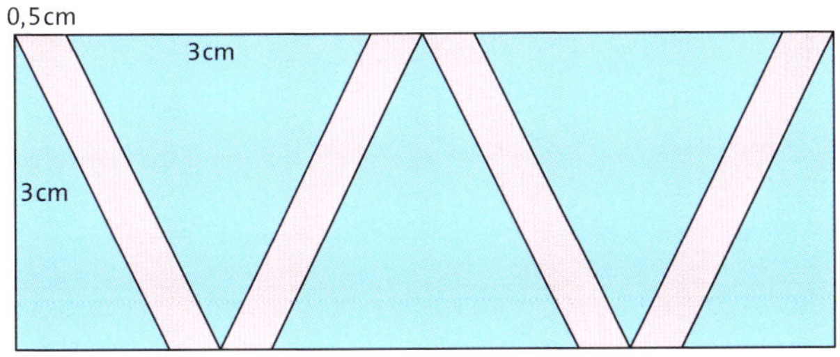

TESTEN

KLASSENARBEIT 2

45 Minuten

AUFGABE 7 In der Abbildung siehst du ein Bauklötzchen einmal von oben und einmal von einer Seite.

a) Zeichne ein Netz dieses Körpers.
b) Zeichne ein Schrägbild.
c) Welches Volumen hat das Klötzchen, wenn ein Kästchen 0,5 cm lang ist?

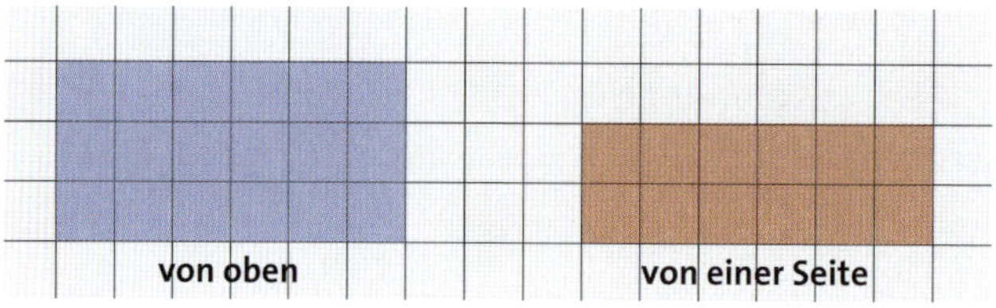

AUFGABE 8 Familie Mandel möchte ihren Swimmingpool neu streichen. Das Becken ist quaderförmig, 1,80 m tief, 4 m breit und 8 m lang.

a) Wie viele Eimer Farbe sind nötig, wenn ein Eimer für 10 m² reicht?
b) Der Pool wird schließlich wieder gefüllt, sodass das Wasser bis 20 cm unter dem Beckenrand steht. Wie viel Liter Wasser werden dafür eingelassen?
c) Welcher prozentuale Anteil des Beckenvolumens wird demnach nicht befüllt?

AUFGABE 9 Ergänze die fehlende Maßzahl oder Einheit.

a) 456 l = ______ m³ b) 48 cm³ = 48 000 ______
c) 99 cm² = ______ dm² d) 2 501 g = ______ kg
e) 1,200 3 t = ______ kg f) 6,432 m = 6 432 ______

AUFGABE 10 Gegeben ist das Rechteck ABCD.

a) Bestimme den gefärbten Anteil.
b) Zeichne eine weitere Gerade h ein, die durch B verläuft und das Rechteck so in zwei Teile teilt, dass ein Teil ein Drittel des gesamten Rechtecks ausmacht.

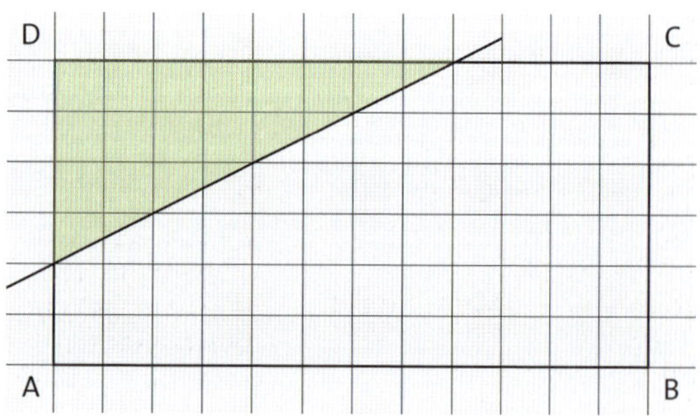

TESTEN

Stichwortfinder

Das Erfolgskonzept im Reihenformat
Wissen • Üben • Testen

Mit dabei sind:
- Lösungshefte
- Abschlusstests
- Schlaue Schnipsel und Fun Facts

Passendes Übungsmaterial online bei Lernhelfer

Zusätzlich zu den Bänden der Reihe **Wissen – Üben – Testen** erhältst du passende digitale Lernpakete für die Sekundarstufe I mit Lernkartensets zu wichtigen Unterrichtsthemen.

Alles exklusiv im Paket für nur 1,– Euro! Melde dich einfach an unter **www.lernhelfer.de/wuet**

In der Reihe erhältlich für die Klassenstufen 5 bis 10 sind Klassen- und Themenbände der Fächer:

- Deutsch
- Mathematik
- Englisch
- Französisch
- Latein

Alle lieferbaren Titel in der Reihe Wissen – Üben – Testen findest du auf **www.duden.de**